神奇的快乐处方

杨予轩 著

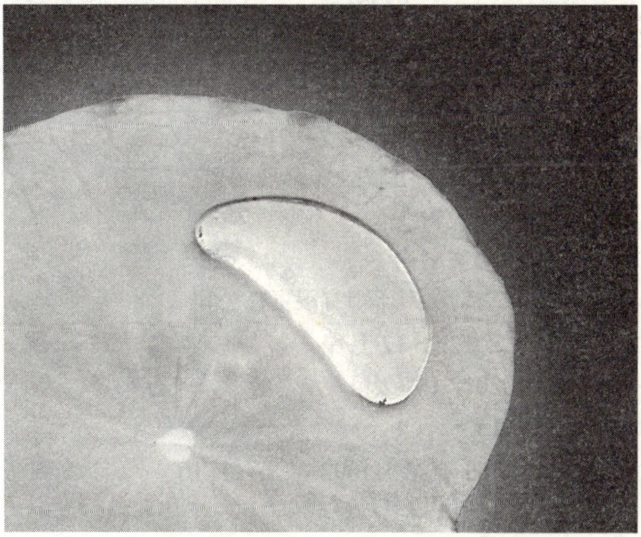

群众出版社

·北 京·

图书在版编目（CIP）数据

神奇的快乐处方：创造快乐与幸福的60种方法 / 杨予轩著．—2版．—北京：群众出版社，2012.11

ISBN 978-7-5014-5062-6

Ⅰ．①神…　Ⅱ．①杨…　Ⅲ．①幸福—通俗读物　Ⅳ．①B82-49

中国版本图书馆CIP数据核字（2012）第256370号

神奇的快乐处方

杨予轩　著

出版发行：群众出版社

地　　址：北京市西城区木樨地南里

邮政编码：100038

经　　销：新华书店

印　　刷：北京通天印刷有限责任公司

版　　次：2012年12月第2版

印　　次：2012年12月第2次

印　　张：15.5

开　　本：787毫米×1092毫米　1/16

字　　数：150千字

书　　号：ISBN 978-7-5014-5062-6

定　　价：35.00元

网　　址：www.qzcbs.com

电子邮箱：qzcbs@163.com

营销中心电话：010-83903254

读者服务部电话（门市）：010-83903257

警官读者俱乐部电话（网购、邮购）：010-83903253

文艺分社电话：010-83901330　　010-83903973

目录

目录

目录

目录

目录

目录

目 录

导言　这世界最重要的一个问题：你快乐吗？

一

这不是一本简单的普通读物，而是一本教你如何做的行动指南。首先，参考一下最新的科学研究所提出的存在于这个世界上的最重要的问题，那就是：那些非常熟悉你的人是否认为你是一个活得很快乐、懂得爱、会消遣，并且容易相处的人？

对这个问题的回答不仅能帮助你从这本书开始你的幸福之旅，也能够折射出你身体和心理的健康素质，以及你自身治愈潜伏疾病的能力，而且还能告诉你是否能够得到你最终所期望的那种健康快乐的生活。医学研究表明，这个问题的重要性一点儿也不亚于那些传统的健康问题，如“你的体重是多少?”“你都吃了什么?”“你做了足够的运动吗?”，等等。

古老的夏威夷人早已知晓，并且现代的研究也证实了，与他人和周围世界保持良好的关系是治愈和保持身心健康最好的良药。与他人和谐愉快地相处，能够给周围的人们带来欢乐，同时作为回报，自己也会拥有快乐的心情。这样能够增强个人的免疫力，少得病，若是得病的话也会比较快地恢复、痊愈。客观地记录你自己的快乐处方，将使你和周围的人和事紧密地、和谐地结合在一起。所以，如果你能坚定、毫不迟疑地对这个重要问题回答“是”的话，你和周围人收获快乐的机会将大大增多。但是，即使你的回答是“不”的话，也不要绝望。我们可以学着创造一种幸福的生活，并能够对这个重要问题说“是”。这本书就将告诉你如何做到这一点。

注意这里问的问题不单是问你自己是否快乐，同时也关注你是否能够给别人带来快乐。学会记录自己的快乐处方，要求在学习当中能够区分两个概念的含义，那就是“你的”和“我的”。这要求你去发现海洋的集体模式和单纯的自我主义的不同。如果你只是自己去读、去做，完全依靠自己的能力来实现书中所提到的快乐处方，那么你就用错了这本书。然而，如果你在学习当中发现了学习的快乐、探索的快乐，学会在探索中享受生活，并与他人一起分享的话，你就获得了一幅通往幸福生活的藏宝图，它将会把你从日常生活的紧张和压抑中解放出来，带你进入快乐的星球。

在你应用并记录自己的快乐处方之前，你或许想测试一下自己的“快乐能力”，也就是你能带给周围人的快乐的数量。（如果你对上面的问题不能给予一个确定答案的话，这个测试将会告诉你。）为了能够知道你自己的快乐能力，请划出下面适合你的选项。如果你够勇敢的话，也可以请你的同事、家人和玩伴来一起给你打分。

A　真正的珠宝

每个人都说我是一个绝对好相处的人，我能给每个人带来欢乐。

B　愉快的事情

几乎每个人都认为我很好相处，但是有一些人说（在很少的时候）我不好相处。

C　挑战

有些人认为和我在一起是一件很快乐的事情，但是更多的人认为和我在一起时，尤其是时间长了的话会很痛苦。

D　痛苦

仅仅很少的一部分人喜欢和我在一起，其他很多人认为和我在一起并不是一件令人愉快的事情。

E　真正的痛苦

几乎每个人都说和我在一起是件非常痛苦的事情，就像被掐着脖子一样。

如果你自己或其他人给你打了“C”或者更低的分数的话，你需要好好地考虑一下健康快乐的第一条原则了，那就是：大家合作而不是个人独立完成任务，这也是拥有健康和快乐的秘诀。虽然现在通行的心理学理论仍然在坚持以自我为中心，在你爱别人之前首先要爱自己，但这却是一个真正的神话。我们所有的人是生活在一个相互联系的世界中，这个世界中不仅有我们自己，还有我们的家人、我们的社会和我们生活的整个世界。每个人都不是孤立的，所以爱也应该是一个相互的过程，不要过多地去区分爱与被爱的界限和不同。

真正的幸福是对生活的热爱，对其他人、对周围世界的热爱，这是第一位的。想拥有持久的幸福生活就需要让他人生活得也快乐，而不是仅仅让自己生活得更好。你不必为了追求幸福的生活而献身于追求的过程当中，成为绝望的幸福生活的殉道士。记住，你要追求的是快乐，快乐是相互的，你所得到的和你所付出的应该成正比。在记录你自己的快乐处方的时候，你首先要学习的是如何和他人分享快乐，以及如何为他人带来快乐。

快乐处方就是将有效的“你好”原则应用于实际生活，使生活快乐幸福的方法。我们的“第七感”，也就是除视觉、听觉、嗅觉、味觉、触觉和心理感觉之外的另一种感觉，这种

“第七感”将我们引向健康，履行自己的职责，保持永久的快乐幸福，并且将我们从那些可能伤害我们健康和心灵的危险当中解救出来。它使我们不断地探索生活的真谛，使我们的生活处在不断的改善之中，从而让幸福离我们越来越近。

快乐处方就是不断地实践和探索“第七感”的方法与途径。一个快乐处方可以是一个简短的实践过程，也可能是一个长期的、不断深化的思考的旅程。在将快乐处方应用于实践的过程中，思想也在不断地深化，不断地升华。思想的进步才是快乐处方的最大贡献。应用快乐处方，你会觉得和爱人一起度过的甜蜜时光、和朋友平静地交流的时光过得飞快。它也会帮助你重新认识你的工作是否真的和你的做事原则和需求相协调。快乐处方可能是你发觉在美丽风景中短暂的散步，也可能是你凭借快乐的精神扭转不利的病情。这本书以它自己独特的方式介绍了什么是快乐处方。当你通读并消化吸收了书中的内容以后，你也就学会了如何将快乐和幸福带入你的生活，使你的生活充满缤纷的色彩，洒满幸福的阳光。

这本书介绍了60种寻求快乐的方式。用这60种快乐处方，你可以将温馨的爱、对工作的热爱、娱乐的快乐、痊愈的喜悦与和解的快乐融入你的生活，使之洋溢着幸福和快乐。每一个快乐处方都能够帮助你将“ALOHA”（“你好”原则）和波利尼西亚人的智慧带入你的生活，使你开始一个充满幸福和平衡的生命旅程，并且这所有的一切都将极大地满足和增强你的

“第七感”，从而装点与美化你的人生。

在你通读这本书并且开始运用书中所提到的快乐处方时，你可以思考一下其他的你希望试一试的快乐处方。你自己的这些处方可以是来源于你自己的真实生活，是自己的“第七感”向你提出来的问题，可以说是源于一种本能的感受。这些感受你可以思考并记录下来。在这本书的最后，我们将会讨论一下将你自己的感受、自己的快乐处方记录下来的方法。

正如我前面所提到的那样，“你好”原则（“ALOHA”）的五个基本法则是这本书中所提到的每个快乐处方的基础。下面是一个简略的介绍，能帮助你加深对“你好”原则的印象和理解，并将这五个原则应用到你对快乐处方的实践当中。

1. AHONUI（耐心）

要控制住自己的情绪，不要轻易地激动。这是一个长期的过程，甚至要用整个生命历程来完成。你不可能完全实现快乐处方中所设想的境界，因为那是一个循序渐进的长期的旅程。你需要耐心，学会欣赏生命旅程中的每一处风景，为自己赢得更多的时间。

2. LOKAHI（和谐）

不要单独一个人来阅读并实践这本书中所提到的快乐处方，找一些其他的人，如你的朋友、你的爱人或者你的亲友，来作为你追求幸福生活旅程中的伙伴，与你一起共创美好幸福的生活。

3. OLUOLU（赞同）

当这本书中的60个快乐处方和其他的快乐原则对于你来说似乎很难实现完成时，千万不要难过或生自己的气，一定要静下心来，心平气和，要把自己看做是一个快乐天堂中的陌生人，慢慢地尽自己的努力来掌握这种快乐的方法。

4. HAAHAA（谦虚）

不要挖空心思地想做得最好或者苛求自己比别人做得好。要正确认识自己的能力，客观地评价自己，不要低估也不要高估。应该认识到“ALOHA”生活的真谛是愿意进行自己的生命探险，享受旅行中的乐趣，而不是为了更快或者第一个到达目的地。你的目的地在广阔大海的地平线以外，在那里蓝天连接着海洋，但是你永远不可能真正地到达那里。对于永远都到达不了的地方，美丽的地平线是那样地神奇。永远得不到的东西才是最好的，它永远地留给你一个希望，有希望就有动力。

5. AKAHAI（仁慈）

不要为了你的快乐处方而投入太多的精力，不要把自己弄得太辛苦。慢慢地、循序渐进地学习，不要人苛求自己。你的大脑可能已经被传统的那种自我独立、凡事追求尽善尽美的思想观念填充满了。这种观念会极大地影响你对“你好”原则的学习，因为它告诉你的是不要工作得太苦了，不要把自己绷得太紧，不要受到传统观念的束缚，放松、耐心、平和地解决遇到的问题，仁慈地面对生活。

二

虽然并不是所有人都能乘下一班的飞机去夏威夷，但是我们却可以在世界各个角落用波利尼西亚人的智慧来营造我们自己的快乐天堂。波利尼西亚，是散布在中太平洋上的大大小小的岛屿的总称，是教会人们如何思考和生活的精神圣地，是人类非常难得的精神家园。

与西方的生活理念（每个人都是独立的个体，从小就被教育生存要依靠自己的能力）和东方的生活理念（着重于对知识的追求）有着明显的不同，波利尼西亚或者大洋式的生活理念告诉我们，快乐、健康的生活是建立在将生活的神圣和快乐与他人分享的基础之上的。耐心地教导而不是训斥，团结合作而不是互相排斥，和地球母亲和谐相处而不是受控于她，所有这些建立在爱的基础上的波利尼西亚方式给我们提供了一个将快乐和感激融入生活的方法。

在你阅读这本书的时候，会学会将“你好”原则的快乐处方应用到你自己的生活当中，并且学会记录和运用自己的快乐处方。你就像一个为自己的航行作准备的波利尼西亚航海者一样，将踏上一个将快乐带入你自己的现实生活并享受平衡的乐趣的旅程。在这个旅程中，你的“第七感”是你的向导。

任何一个聪明的水手在着手一次航行之前，都会准备好旅途中所需要的各种工具。本书将提供给你在阅读这本快乐处方的手册时所需要的一些"航行工具"。

我们之所以被称为"人类"，其中一定有某些原因。我们看起来好像一直在和他人进行着一场永无止境的竞赛，都想在蛋糕中分得属于自己的一块。当我们刻意地追求属于自己的快乐的时候，我们就错过了与其他人分享生活中点点滴滴的美丽的幸福。要时刻记住，在你读这本书的时候，书中提到的快乐处方不是简单地为你准备的，不仅仅是属于你个人的私有物。它们是要与大家、与周围的世界分享的处方，是分享的快乐，不是私有的快乐。

快乐处方不是帮助你实现你的野心与梦想，而是教你怎样将自己的思想和梦想与他人一起分享，来过更有意义的生活。如果你仅仅是追求让自己生活得更好的话，那么你最好停止你自己的快乐处方的记录，因为它根本就不能完成。"只为了它"只能保证你能坚持追求它，但是你可能永远也不能真正意识到或者真正了解它的实际的、确切的含义。另一方面，可实行的快乐处方是以"在这里"和"他人"分享学习的过程为基础的，与他人分享你自己的学习经历是至关重要的。

在你继续阅读此书之前，先准备好一些时间进行过渡。要下定决心从以前紧张的生活中脱离出来，学会放慢生活的步伐，学会平衡、快乐的节奏。

如果你不能做到将你处于紧张状态的大脑放松下来，把注意力集中到这里所问的问题上面的话，可以尝试一下通过你的身体来放松你的大脑。出去散散步，慢慢地溜达，学会放松紧张的神经。溜达，不要走得太快；漫步，不要快速奔跑。尝试着通过降低你身体的行进速度来放松你的大脑，放松你高度紧张的神经，再通过改变你的紧张状态来调节你时刻处于高速运转中的身体。

这本书最后列举的60个快乐处方中的大部分并没有要求你去做什么，它们只是给你提供一个思路，告诉你如何去思考自己的快乐处方并实现快乐的生活，起的是抛砖引玉的作用。通过一些新思路，你可以改变你的心理健康状况，从紧张的生活中解脱出来，将这八个字母改变一下顺序——“STRESSED”（紧张的）变为“DESSERTS”（甜点），从而拥有快乐、幸福的生活。但是，有一点要注意，就是你不能通过强迫自己加快学习的进度来得到生活的“甜点”，这个美味的回报只能通过循序渐进的学习、消化和吸收来得到。

现在先停一下，回头看一下刚才你给自己的快乐能力打的分数和你对前面那个重要问题的回答。

谨防愤世嫉俗式的快乐！愤世嫉俗的快乐可能存在于他人心中，也可能存在于你的内心深处。愤世嫉俗者经常会使你追寻快乐生活的努力面临挑战。他们会说你的那些努力是不正常的、不现实的，或者他们会认为你所有的努力是毫无意义的。

在他们的眼里，快乐的生活只能通过努力地工作和某些牺牲来达到，而且快乐只是暂时的虚幻的东西，不能长久。

经常有人问我，是否真的知道那些实践快乐处方的人或者在快乐能力测试中得 A 或 B 的人的真实需要。也经常有人问我是否真是波利尼西亚人，要不为什么会那么地喜欢幻想，不现实，而且还有一点点的傻气。我告诉他们，之所以我会如此，是因为我的很多朋友生活在夏威夷，而没有生活在“现实世界”中。他们对我的影响很大。作为一个实践快乐处方的学生，你会怎样来回答这些问题呢？你会怎样来面对那些愤世嫉俗者或者你自己内心深处的挑战呢？先暂停一下，在看我的答案之前，将你对这些问题的答案先写下来。

你认为健康、平衡、和谐、相互的快乐是不真实的或者不可实施的吗？为什么？

你怎样回应来自于你内心深处或者外部那些愤世嫉俗者的挑战？

下面是我的答案。我同意过一种分享快乐的生活是不“正常”的。在现代社会，所谓的“正常”，是你健康的最大威胁。当我关于健康快乐的思想被有些人看做是毫无意义的东西时，我反而很受鼓舞。因为这表明我的思想绝对是很有价值的。在西方社会，人们的头脑中充斥着自我。在这种环境下，我那些对快乐的追求很自然会被认为是毫无意义的。正因为如此，我们就更需要对幸福生活的憧憬。我相信我们可以通过学习来改变我们的生活方式和我们内心深处对待生活的理念，而不是放弃对美好生活的憧憬，只是站在幸福的边缘张望。快乐生活处方不是通过逃避来记录的，而是通过你的全身心投入来实现的。

试着写出你自己对上面问题的答案。我相信在你学习记录快乐处方的时候，你会让那些问出这些问题的人越来越不舒服。要记得健康的快乐是和大家分享的快乐，所以要通过例证把这些快乐处方教给大家。不要说教，要做；不要讲空话，要有例子。对于他人的批评要有耐心，而且要将他们对你的批评看做毫无乐趣的现实生活的警钟，提醒自己要追求更幸福的生活，从乏味的现实中解脱出来。

现在再暂停一下，在下面写出你的生活中能在快乐能力测试中拿到 A 的人的名字。

____

____

____

____

我自己的“快乐者”名单包括我的家人和我在夏威夷的许多朋友。当然啦，我对自己的家人是有点儿偏心。在我患重病的时候，是我的家人挽救了我的生命。我知道他们或许不是十全十美的，但是他们会将自己的快乐与他人分享，而不仅仅是追求个人的快乐。

另外一个知道如何实践快乐处方的人，是艾迪斯阿姨。在夏威夷，艾迪斯阿姨是一位非常受欢迎的老师，也是夏威夷歌曲的主创人员、诗人、舞蹈家和学者。就个人而言，我不太了解她，但是我认识她的许多亲友，他们经常对我讲起艾迪斯阿姨带给他们和世界的快乐。（在夏威夷，“阿姨”和“叔叔”是尊称，指那些在他们的生命旅程中给他人和世界带来快乐的人，而不论他实际上是不是你的亲叔叔或者亲阿姨，他们是“ALOHA”的快乐使者，他们是每个人的“叔叔”、“阿姨”。）

艾迪斯阿姨知道健康快乐的秘密，把它教给大家并且亲身实践。在她的遗产中，《感谢之歌》为你的波利尼西亚航行奠定了基础，是你学习这本书所应该迈出的第一步。

在歌中，艾迪斯阿姨唱道："Ano' ai ke aloha ia kakou ah pau loa"（波利尼西亚语言，读音是"ah-no ah-ee kav ah-lo-ha ee-ah ka-co-oo ah pa-oo low-ah"）。这首歌的意思是“感谢那些我们共同分享的爱，爱存在于我们大家之间”。当你高唱这首歌的时候，你可以张开双臂迎接着上天送给你的快乐，与你爱的人分享着每天的幸福和快乐；你会沐浴在上天给予你的生存的特权中，歌颂和分享着神圣的生活的呼吸。

在阅读这本书的时候，我不仅会要求你暂时停下来，而且是快乐地暂停下来，我也会用像艾迪斯阿姨歌中那样的夏威夷单词和语句来帮助你从被传统思想束缚的生活中解放出来。之所以用波利尼西亚语言，是因为我相信这种语言具有给生活带来真正快乐的魔力，就像波利尼西亚人已经证实的那样。夏威夷人在他们的生活中不断地给予也不断地获得快乐，他们懂得语言是一个连接着过去、现在和未来的纽带，也是一条通往痊愈世界的坦途。耐心的、和谐的、赞同的、谦虚的、仁慈的语言能够创造爱的能量，将周围的人和事紧紧地包围在讲话者的周围，团结在演讲者的身边，形成一片幸福的乐土，保持着和谐的快乐。

在你学习并把快乐处方应用于实际生活当中的时候，一定要牢记一个非常重要的原则，那就是：注意你的嘴巴！不管什么时候，你说出的每一句话，都是你内心活动的反映。说话的目的就是将你的一部分内心所想用语言表达出来，让你周围的人感觉到你的存在，明白你的思想。同时，这些声音也会反馈给你，你送出什么，最后收到的就是什么。所以现在就要下定决心，注意自己的言谈，注意要用“**ALOHA**”来讲话——耐心、和谐、赞同、谦虚和仁慈。

在你说话的时候，你将要讲的古老的波利尼西亚语言是经过两千多年的演变和锤炼而形成的，已经被历史证明是能够给你也能够给他人带来快乐的语言。它们充满了千锤百炼的智慧，能恰如其分地表达出先辈们的“你好”原则的含义，帮助你在充满压力和束缚的世界里镇定下来，思考生命的意义，找到自己应走的路。虽然夏威夷语言对于你来说可能有些生疏，但大声地吟唱能够帮助你放慢阅读速度，从而慢慢地消化吸收你在书中所学到的东西，把你从备受压抑的大脑中解脱出来。

三

为了帮助你在通往“快乐天堂”的航行中充满快乐，我将这本书分成了四个部分，分别向你介绍如何寻找和拥有快乐、幸福的生活。要时刻牢记，这本书的目的是要带给你欢乐，而不是挣扎的痛苦。

要是你看书的时候没有感觉到快乐的话，放下这本书，休息一下，过一会儿再回来看。正如一位身患重病的夏威夷人所告诉我的那样，“不要仅仅因为我们落后了，就竭尽全力想方设法地将我们的小木舟划得更快。有时我们需要坐下来，让我们的小木舟带着我们前行，而不是强行设定小木舟的方向和速度，一切顺其自然。”

第一部分将向你介绍一种第三类快乐方法——大洋方式，来改变你那种根深蒂固的传统思维模式。它会教你如何为你和周围的人整理出一幅幸福、快乐的图画。第一章帮助你学会波利尼西亚小木舟水手的那种思维模式，让你宁静平和，而不是做繁杂生活中的一个战士。第二章教你如何抽出和利用时间来创造一个更加快乐、平衡的幸福生活。在这个章节中会提出三个关于健康快乐的重要问题。在你读完整本书以后，回头再检查一下并重新给出你的回答。第三章给你在这样一个快节奏、几乎没有喘息时间的世界上一个喘息的机会。第四章教给你在你的快乐旅行过程中必须储存的五个要素，这五个要素是从历史悠久的“你好”原则中总结出来的，并且一直沿用到现在。

就像几个世纪前的波利尼西亚水手一样，任何一个有经验的水手不仅仅要明确他去的地方——在出发前定好自己的目标，而且对从哪里出发也很在意。因此，第五章通过衡量你现在的“快乐指数”和“心理免疫力”来帮助你评估一下你此次快乐航行的价值，看是否值得。“快乐指数”和“心理免疫力”是你实践快乐处方的两个非常重要的指标。在你开始幸福旅程的过程中，第六章会提醒你在旅程中应该注意哪些问题。

在你越来越能像一个真正的波利尼西亚水手那样思考并且能够正确地衡量这次快乐航行的价值以后，第二部分将教给你作为一个“拥有快乐潜力”的人所应具备的三种重要才能——智慧、美德和对感情的理解力。第二部分主要是一些“你好”原则的综述，这些古老原则和上面所提到的三种重要才能需要紧密相联。

第三部分讲述了你的爱情、工作、娱乐和痊愈中的60个快乐处方。这六十个快乐处方，有的需要你好好思考，有的需要你亲身实践，但是所有的都需要你和他人、和你周围的世界去分享。

在书的最后一部分中，将教你如何记录自己的快乐处方，并将你自己的快乐处方应用于你的实际生活当中。

通过阅读这本书，你和你的家人将会开始一个全新的生活，你们将拥有一个可以相互分享快乐的，更加安宁、更加快乐、更加平衡的幸福生活。

希望你能利用足够的时间来学习这本书，从中得到乐趣，并且把这种乐趣带到你的生活当中去，带给你周围的每个人。也希望这本书能够成为你生活远航的快乐指南针，成为你到达“快乐天堂”的地图。也祈祷会有更多的人到达那里。

第一章　学会成为快乐水手的途径

关于“快乐”的自我诊断

像鸟儿一样飞越海洋

成为快乐水手的十种方法

“30 分钟快乐疗法”

关于“快乐”的自我诊断

十种现象与症状

1. 慢性疲劳：表现出来的症状是晚上难以入睡或者出现睡眠后再度失眠的现象（入睡很快，但是几个小时以后就醒了，然后就再也睡不着了）。

2. 收缩僵硬：经常表现为前额、脖子和肩膀上部的三角肌紧张，使得那部分肌肉收缩僵硬。

3. 时间紧张：担心时间太短，自己完不成那么多的工作。

4. 消费欲望：经常对物质有更多、更新的需求欲望。

5. 处于矛盾之中：经常在陪伴你的家人、朋友与需要履行的工作职责之间徘徊矛盾。

6. 对美好生活的向往与现实生活的矛盾：自己处于生活的阴暗拐角处，对生活失去了信心。

7. 感觉到自己必须要站在首位，要做得最好，否则别人就会超过自己，走到自己前面，或者其他人就会利用和控制你，让你处于别人的掌控之中。

8. 感觉到挑战，觉得必须不断地证明自己的能力，否则其他人就可能会“拿走蛋糕中原属于你的那一部分”。

9. 变得越来越粗心，甚至在最简单、最常见的事务中犯错误。

10. 在那些比较愉快的活动中，也很难感觉到快乐，因为感觉到其他人都有失庄重或者整个活动让人集中不了注意力。

如果你发现你的症状越多，你患有“快乐贫乏综合征”的可能性就越大。幸运的是，这里为你提供了一个治愈的方法：每天快乐一点点！

为了评估一下你的大脑是趋向于陆地式的思维模式还是海洋式的思维模式，看一下下面的表格，在每两项中选出最适合你大脑定位的选项。

在右边的一列中你选出的选项越多，你大脑的思维模式就越倾向于海洋式的思维模式，而且你也就越能较早地写出并实践你自己的快乐处方。

快乐课程的图表

陆地	海洋
将军	水手
客观	主观
感情距离	完全融入
回避疾病	歌颂健康
自然在外面	我们是自然的一部分
对自然的控制	对自然的责任
内心的小孩	内心的成熟

陆地	海洋
技术	习惯
我们每个人有独立的思想	我们分享同一个思想
世俗的	神圣的
记下单词和数字	记下歌曲和神话故事
竞争的	合作的
家庭是第二位的	家庭是生活的中心
身体是装载大脑的汽车	身体和大脑是一个整体
个人的出众	整体的出众
权力	团结
性	淫荡
占有	分享
聪明	智慧
伶俐	快乐

在下面，你将找到在追寻更多快乐的航行当中所必须掌握的一些重要方法，从而使你拥有并保持海洋式的思维模式。

像鸟儿一样飞越海洋

你若是打算把生活变得更加有趣的话，首先必须改变你的思想观念。你必须以第三种方式来思考，怎样为你自己、为你周围的每个人带来快乐幸福的生活，这种生活是通往快乐天堂的航行过程，而不是东方或者西方的那种传统生活方式。这种海洋式的生活方式与其他生活方式有着明显的不同。

人、土地，或者物质?

西方文化过多地注重人所用的物，即注重物质多于注重人；东方文化则注重人，侧重于对人本身的探讨和追寻。而波利尼西亚的文化传统中更多地注重于环境。波利尼西亚文化就是生活在这块土地上的人们关于快乐的思想观念，还有就是他们对土地的热爱，所有这些都是快乐处方的核心内容。一个波利尼西亚人曾经告诉我：“因为我们在家的怀抱中，所以来到这里的许多人看起来都迷失了方向，他们不断地迁移着，从一个地方到另一个地方，没有真正在任何一个地方定居下来。其实大海就是我们的家，我们爱我们在大海中的这个家，我们从来都不会离开这里，离开母亲的怀抱，因为我们属于这里。”

由于被纷繁芜杂的现代生活紧紧束缚，我们很难理解岛国波利尼西亚人关于土地的概念。如果我们将波利尼西亚人的三角地域概念移入大陆的话，它的大小相当于从伦敦横穿北欧直到西伯利亚，再南下经过中国的西藏，覆盖东南亚，然后到南欧和英国——一个“欧亚三角”，包括两个大洲。虽然“欧亚三角”的人们认为依靠他们强大的个人魅力和足够的资源，他们征服了世界，是世界的统治者，但是他们不能将智慧播撒到他们所居住的所有地方，不能让所有的人都沐浴在上天的祝福中。

为了解释他们关于土地的概念，一位波利尼西亚人曾经说过：“世界上的人们都认为我们是远离大陆的海上的一群岛屿，但是我们并不这么认为。大陆上的人们生活在城市或者乡村里，但是他们被陆地上的各种边界或者国界给分离开来。而我们是所有和海洋相连的大家庭中的一分子，我们在水面的坦途上航行。我们的岛屿是那些远离大岛屿（也就是西方人所说的大陆）的小岛屿。他们的大陆确实比我们的岛屿面积大，但是他们之间看起来没有任何的联系。他们不断地从一个地方到另一个地方，而且每次的旅行距离越来越远。或许因为他们的岛屿太大了，以至于他们之间很陌生，而不知道他们都是相互联系的，是一个大家庭中的一员。边界的概念在他们的头脑中根深蒂固，或许这也是他们会长时期地认为地球是平的的原因。我们在几千年以前就已经认识到地球本身其实只是宇宙海洋中的一座岛屿。我们都是航行在海洋中的水手，而不是地球的所有者。我们所有人都只是航行在宇宙海洋中的一个小木舟上而已。”

要成为一个好的快乐处方写作者意味着暂停，意味着尝试休息，从休息中得到快乐，“人生是一次快乐的滑行，而不是在生活的泥泞中艰难爬行”。大多数人的传统观念督促着我们时刻保持前行、得到、成功和征服。但是，成为一个好的快乐处方实践者，你必须首先学会像一个水手那样去思考，而不是一个将军——生活在海洋中而不需要攀登顶峰、克服阻碍，保卫自己国家的领土。

为什么我们需要改变自身的观念，用第三种生活方式来思考呢？因为如果我们不这么做，将会极大地影响我们的身心健康。因为传统的思维模式让我们不像一个水手那样来享受旅途的快乐，而更像是一个将军在争夺着主要的控制权。我们已经浪费了太多的时间在争夺控制权上了。我们将疾病和痛苦看成是可以“修理”调整的事情，而不是提醒我们保持自然平衡的征兆。这种持续不断的斗争的结果是，我们传统式的大脑就很少有时间来享受生活本身所具有的单纯的快乐，最后以“快乐贫乏综合征”来结束我们短暂的一生。传统大脑经常被失败的恐惧所折磨，担心自己会死，对日常生活中越来越重的压力感到忧虑，并且长时间地处于争夺想要的一切的压力之下。如果你打算学习写并实践自己的快乐处方的话，那么你就应该从现在开始，努力将自己从日常生活的战斗中解放出来，学会像一个航行于海洋上的波利尼西亚水手那样，学会享受，学会和他人分享自己的快乐，驶向快乐的天堂。

成为快乐水手的十种方法

1. 将你自己看成是航行在生活海洋上的水手，而不是一个和生命战斗的将军。快乐的水手是生活的联系者，不是生活的命令者。在一天当中要经常休息，放松自己，将自己想象成航游在充满阳光的波利尼西亚快乐天堂中的幸福水手，巡航于白云之下，大洋之上，任由柔和温暖的海风吹拂你的面颊。

2. 拥有你所拥有的东西，而不是企图得到你想要得到的东西。快乐的水手“为了航行而航行”，在航行中享受着每一秒所带来的欢乐。他并不是想要努力地“到达那里”，或者，一旦到达，就企图征服、占有和保护自己的地盘。对于快乐的水手来说，这个航行的过程就是最好的报答。每天拿出一些时间来环顾一下周围，享受自己已经得到的快乐。而且要记住，不管你打算去哪里，一旦到达那里，不要去争夺所谓的控制权，而是要享受目的地带给你的所有快乐。

3. 当你的生活面临困难压力的时候，不要去抗争或者逃跑，而是要随波而动，顺其自然。快乐的水手说：“Mae e holo ana”，意思是“顺其自然”。记住，快乐不是通过追求得到的，它来源于生活本身，和生活紧密相连，不要为了追求一种幸福的生活就强迫自己去做一些事情。当你感到被压抑的生活紧紧锁住的时候，试着重复一下快乐水手的“mae e holo ana，mah-ay ay ho-low ah-nah”之歌。

4. 尽力地减少索取，不要贪得无厌。太多的物质欲望会使你的生活变得沉重，让你背上一个沉重的包袱，以至于你的小木舟很难继续航行，从而将旅程中的快乐都挤跑了。如果你带太多的东西去“快乐天堂”的话，你将永远也到不了那里。

5. 尽量少干预。航行中太多的干扰会使小木舟陷入沼泽。

快乐的水手会听从小木舟的安排，让小木舟带着他航行，他观察、触摸、感觉整个航程，而不是企图改变航向。每天，你要下定决心忽略一些事情，或者尽力做得少一些。

6. 对机会说“不”而非“是”。快乐的水手不会受捷径的引诱，也不会被遥远和难以捉摸的地平线所迷惑。他安于“现在”，认为现在的飘忽不定并没有什么不正常。前方的地平线永远位于前方，它只是快乐旅行的标志而已，并不是最后的目标。每一天，不要刻意地去做一些事情，只要坐在那里就可以了。

7. 放弃控制。快乐的水手悠闲自在，随风而动，阅读波浪的语言，倾听小鸟儿的歌唱，用心去感觉鱼儿之间的窃窃私语。他记录下旅程，但是他只是作为小木舟的眼睛而已。他是全体船员中的一分子，而不是控制者。每天，让其他人去掌握控制，向前走，放弃，不要抗争。让那些热切希望到达的驾驶者超过你，无所谓的。

8. 不要过多地去考虑胜利。快乐的水手对于是否第一个到达快乐天堂并不在意。他认识到他已经到达了那里，而且他也知道在他的心里，旅行本身就是地球上的快乐天堂。在他们的游戏规则里，只要可能，就无所谓分数和胜利。如果你的生活充满了竞争的话，你的报酬将是表面的胜利，表面的胜利只能把你推向更多的表面上的胜利。

9. 不要太在意时间。快乐的水手不是在参加时间竞赛。他知道时间不会消失，而且他还知道如果和时间赛跑的话，就会加快我们生命的进程。他和四季、星辰、太阳和月亮保持着和谐的关系，而不是闹钟。

10. 多为你的家人着想，多为你的家人做些事情，多和他们在一起。快乐水手将家庭放在所有事情的首位，而且会将他对家人的爱和关心扩展到陌生人的身上。对于快乐水手来说，每个人都是地球木舟上的一位船员。每天，在工作中，在休息的时候，或者在任何你想起来的时候花些时间看看家人的照片。

现在到了快乐暂停的时间了，回顾一下上面所讲到的十种方法，你会怎样将它们融入到你的生活当中去呢？在下面写出你的回答，写出你将如何运用这十种快乐方法。

如果你想现在试图像一个波利尼西亚水手那样思考的话，你就已经为一次充满惊奇和快乐的旅行作好了准备。如果你的大脑告诉你用大洋式思维模式来考虑问题的话是多么愚蠢、奇怪，多么不正常或者不现实，不要担心，你只要将大脑看作是一个被吓坏的孩子就行了。要耐心地告诉你的大脑，要放松一点儿，信任别人，放弃控制，那样的话，它就不会感到晕船了，而且会慢慢地喜欢上海上的旅行。要记住你的西方式大脑长期认为“我要做第一”，经常不理智地认为如果它让步的话，让你承认并唤醒所有现存的光荣壮丽的风景的话，你就会停滞不前，放弃奋斗。那样的话，它会感到很害怕的。安慰一下你胆怯的大脑，让它知道它将驶向一个更加健康快乐的“天堂”，所有的快乐和美好都是它所无法想象的。

“30 分钟快乐疗法”

现在我将向你介绍另一个在你尝试改变大脑思维模式和安慰大脑时非常有用的技巧。

现在你就要决定每天拿出不多不少的 30 分钟花在这本书上，这个过程就是我所说的“30 分钟快乐疗法”。不管你打算每天花费多少时间在这本书上，在读完半个小时后暂停一下。不管你在半个小时的阅读之前已经休息了多长时间，也不管你打算跳过多少你的快乐处方，请每次看这本书的时间保证整整的半个小时。如果你错过了一天，第二天再重新开始你的 30 分钟快乐疗法。如果 30 分钟看起来太短了，那就太好了，那你可以再重新看一遍前面的内容。如果你觉得每天 30 分钟对于你来说是不可能的，或者你的大脑抵制每天进行 30 分钟疗法的主意的话，要牢记你寻找一个更加平衡、快乐的生活的部分任务就是每天进行 30 分钟的快乐疗法，而不论你的传统大脑是否同意你这么做。

为了帮助你紧张的大脑放松下来，使你的传统大脑平静下来，一定要释放出你在航行中固有的传统思想观念，让自己拥有一次充满幸福与快乐的生命之旅。

十种现象与症状

1. 慢性疲劳：表现出来的症状是晚上难以入睡或者出现睡眠后再度失眠的现象（入睡很快，但是几个小时以后就醒了，然后就再也睡不着了）。

2. 收缩僵硬：经常表现为前额、脖子和肩膀上部的三角肌紧张，使得那部分肌肉收缩僵硬。

3. 时间紧张：担心时间太短，自己完不成那么多的工作。

4. 消费欲望：经常对物质有更多、更新的需求欲望。

5. 处于矛盾之中：经常在陪伴你的家人、朋友与需要履行的工作职责之间徘徊矛盾。

6. 对美好生活的向往与现实生活的矛盾：自己处于生活的阴暗拐角处，对生活失去了信心。

7. 感觉到自己必须要站在首位，要做得最好，否则别人就会超过自己，走到自己前面，或者其他人就会利用和控制你，让你处于别人的掌控之中。

8. 感觉到挑战，觉得必须不断地证明自己的能力，否则其他人就可能会“拿走蛋糕中原属于你的那一部分”。

9. 变得越来越粗心，甚至在最简单、最常见的事务中犯错误。

10. 在那些比较愉快的活动中，也很难感觉到快乐，因为感觉到其他人都有失庄重或者整个活动让人集中不了注意力。

第二章　如何保持快乐和平衡的心态

快乐的心态

心灵与直觉

唤醒之歌

快乐实践

三个快乐平衡的问题

快乐天堂的声音

对于我们古老的祖先来说，生活就是“悲观中的生存”。预料最坏的结果，提防食肉动物的进攻，以及防备周遭的各种威胁，帮助我们的祖先生存了下来。虽然现代社会仍然存在着许多的威胁，但是这些比起我们祖先所面临的来说，已经算不上是什么威胁了。为了学习快乐处方的写作方法，你必须克服现代社会进化的通病，那就是倾向于寻找人类世界中最糟糕的东西。

快乐的心态

快乐的生活建立在理性的平衡基础之上，寻找的是一种感觉，就是所有的一切都“非常不错，太好了”，而不是一直寻找生活中的危险和糟糕事件。快乐的心态并不意味着愚蠢和鲁莽，也非拒绝相信生活中所存在的残酷现实，而是指对现实生活中存在的所有事物更加敏感，更加注意。在这一章里，将教给你一些技巧——安宁技巧和“no’ono’o nui”思考技术，帮助你保持一个快乐、平衡的心态。它们能够训练和扩展你的平衡能力，同时可以解决头脑紧张的问题。

既然你已经开始改变你的思维模式，并且像一个快乐的波利尼西亚水手那样思考问题，在小木舟上享受着旅行的快乐，而不是急于到达目的地，那么这里提供了一个保持快乐心态的方法——坐在那里，感觉每件事情的发生。

安宁技巧，很简单，就是不要去刻意地做任何事情。在传统文化里，努力工作、积极行动和忙忙碌碌被认为是非常重要的。但是，现在世界上对快乐的追寻才是大势所趋。安宁技巧可以通过提供一个安静的时间来帮助你寻找快乐的“第七感”，帮助你感觉和享受生活本身所带给你的快乐和幸福。

心灵与直觉

在我们生活中主要存在着五种基本的感觉：视觉、嗅觉、味觉、触觉和听觉。有时候我们也会体验第六种感觉——心灵感觉，它经常能传递和表达出我们很难表达和衡量的东西。我们凭借“第六感”能够寻找到生存需要的能量和避免那些可能会威胁到我们生存的危险。除了这些身体和心灵上的感觉外，还有一种“第七感”，这是一种在现代社会很难发展起来的感觉。它是由人的基本感觉组成的一种直觉。“第七感”指导和利用其他的基本感觉来发现在生活中什么是真正的快乐。它是一种随着生活不断进化的感觉，能给生活带来快乐和幸福，并且能使快乐的感觉不断增强。

“第七感”协调着我们所有的基本感觉并且给予它们指导。它是我们六种基本感觉的总和，但又大于这种总和。它是一种“告诉我什么东西丢失了，什么东西得到了”的一种感觉。“第七感”是一种很微妙的感觉，它进入到我们的意识当中，鼓舞我们去思考更加有意义的快乐的生活，来吸引我们的注意力。

“第七感”调节和控制着我们的大脑、思想和身体，并且告诉我们快乐和健康的基本食粮是什么。就像身体需要用食物不断补充能量一样，“第七感”是为人的思想、灵魂补充“食物”的。“第七感”扮演的是一个协调者的角色，如果我们追随它的话，它能使我们远离那些能伤害到自己的危险，带给我们和周围的人最大的快乐和健康。我自己对现代医学与大洋式思维方式之间的联系的研究使我更加确信，你自己的感觉、思考和行为的方式是发现和发展自身“第七感”的一个重要基础。

安宁技巧包括两个步骤。第一步：你必须停止你身体上和思想上的一切活动。每天一次，找一个宁静的地方坐下来，周围尽可能多一些有活力的事物。最好有绿绿的植物、可爱的小动物、青青的草地、软软的沙滩等，所有这一切都包含着巨大的生物能量，但是在忙碌的日常生活中，我们都忽略了这些东西。第二步：放弃一切的行动和冥思苦想，只要去感觉就可以了。尽量使你那忙碌的大脑放松下来，放弃一切目标、欲望和忙碌的日程安排。只要坐在那里就好了，听自己的心跳，听小鸟儿歌唱，听小溪的流淌，听后院的风声。坐在那里，感受每一样事物，不要去刻意挑选出什么。如果电话响了，就让它自己响去吧，不要管它，忘了它。当你处于安宁中时，至少要放松半个小时，和“自己的世界”在一起。

很多经常练习安宁技巧的人都会发现，不做任何事情，仅仅去感受，就会产生强有力的结果。你可能会发现在你练习完以后，伴随而来的是收到好消息，或者是以前遇到的问题得到了解决。为什么这个好的结果来源于什么也不做，原因本身并不重要，只要像夏威夷人那样去做就行了——放松，再放松。

在你应用安宁技巧的时候，要记住它并不是一个思考问题的方法，而是在激活你所有的感觉。它没有要求你断绝同世界的一切联系，关掉一切声音。它只是要求你完全地认识你周围的一切事物、你周围的人，甚至是过去的人和地方——真正地、完全地去感受这个世界内部的一切联系。这是一个重新变成孩子的方法，让自己重新享受一下生活的简单，重新从你的周围吸收充满能量的空气，这些能量来源于你周围的每个人、每件事情。

在这一章的最后，我将会问你三个关于你自己的快乐处方的重要问题。你对这些问题的回答，将会最大限度地衡量你和你周围的人所能拥有的快乐时间的长短、快乐程度和快乐的状态。为了能够得到精确的答案，你必须心甘情愿地去做些事情。这些事情已经帮助波利尼西亚人获得了非凡的、健康的平衡生活，同时也为他们的家人带来了快乐和健康。

当你处于安宁中时，你是自己独坐还是和你关心的人坐在一起，这并不重要，没有多大的关系。安宁技巧是唤醒你生活中快乐能量的方法，这种能量存在于你周围所有的人和事物当中。你要学会用波利尼西亚人的方式来看待问题，对生活充满向往。

在练习安宁技巧时，想着你现在爱着的人和你曾经爱过的人，想着你和其他人曾经度过的快乐时光。感觉你自己的存在，欣赏一下你周围的美丽风景，但是不要把它们和任何东西进行对比。一棵茂盛的、开满花朵的大树是多么绚丽迷人，但是一棵已经枯死很久的树也能在蓝天下创造一种神秘的氛围，激发你对未知事物的好奇心，激发你无限的遐想和猜测。一块深绿色的草地看起来感觉很舒服，但是被烧过的草地呈现出一片片的黄色、橘色和浅绿色，中间还穿插着一点点棕色的土地，看着它们，你能和它们共同感觉到地球上生命的变迁。不要判断什么，加入到它们中去，去感觉，去吸收。记住这是一个联系的过程，而不是孤立的。这个过程是为了唤醒你的大脑，让你认识到生活的礼物掌握在你自己手中，浪费还是好好享受是你自己的事情，由你自己做主。

唤醒之歌

不要让你的安宁时间变成一个义务而强迫自己去完成。通过这本书，让你内心中等待释放的心理压力发泄出来，慢慢放松自己，唤醒你的大脑，有效抵制住你那传统思维的痛苦折磨。不要相信你的传统大脑告诉你的话，它会告诫你：你没有足够的时间来实践安宁技巧，或者你是在浪费时间。不要相信它，顺着自己的本能行事。为了达到放慢脚步的目的——也就是波利尼西亚水手所说的"ho' olohi"——你可以用我上面所提到的另外一个波利尼西亚人快乐原则（"no' ono' o nui"）来解决你现在所遇到的问题。

在你的安宁时间里，"no' ono' o nui" 可以通过大声朗读夏威夷谚语"ho' ata hou"来实现。它的意思是"唤醒"，唤醒我们位于心灵深处的对万事万物的警觉和敏感。

我多年来的主要兴趣就是收集、整理、研究古老的波利尼西亚课程，并研究如何将这种古老的课程应用到现代生活当中，并尽力将现代最新、最好的科学研究成果与药物研究成果和世界上最古老、最具智慧的生活思想很好地结合起来。这本快乐指南是以最新的研究成果为基础的。研究成果表明，如果能够慢慢地、温柔地朗读出波利尼西亚谚语里面的每一个字母，你就会发现你的免疫系统会更加快乐、平衡。不仅如此，在你的工作、爱情、娱乐等方面都会有更多的快乐和更好的平衡。

避免濒死经历

如果你没有时间进入安宁状态的话，或者你没有每天拿出时间来实践安宁的话，你就会有面临以濒死经历结束这次人生美好旅行的危险了。就像一个智者解释的那样，“如果你不想每天进入安宁时间的话，在你出生之前你就已经死了”。你可能只感觉到濒死的经历，从来就没有真正完全地感觉到什么是享受生活，什么是生命。你可能太急于在“你好”原则上要做得最好，以至于你忘记了去倾听美丽的生命之歌，也就是生命的旋律，你忽视了。如果你仅仅倾听“现在”的声音而忽视了别的东西，那么你也不能享受到快乐、健康的幸福生活。你必须放松，将耳朵调向所有的声音的方向，包括你的祖先曾经和现在也在唱着的旋律。

为了更好地实现安宁技巧，你要给自己一个规定：每天抽出一定的时间静静地坐在那里，集中你的注意力，避免分心。停止在社会竞赛中的争夺，静静地坐下来倾听古老的夏威夷歌曲，呼吸那些每天都在呼吸着的空气。不要让你的歌曲走向终结，不要将所有的生命之歌放在那里置之不理，要大声地将它们唱出来，而且要让所有的人都听到，不要声音小得连自己都听不到。

有联系的平衡

对于发展并保持你的快乐心态来说，学会保持平衡也是一个非常重要的组成部分。我们的现代生活已经很大程度地脱离了平衡，或者说根本就没有夏威夷人所谓的平衡。我们忙碌的身体已经被激励成瘾的大脑逼得太紧了，已经有些超负荷运转了，以至于我们经常是准备出发或者正在行进的路上，却从来没有感觉到我们到达了“那里”。我们和快乐断绝了联系，和周围的世界也断绝了联系，使得那些能让我们得到安慰的智者也离我们而去。虽然我们拥有许多的机器和技术手段来帮助我们节省时间，可是我们并没有节省出足够的时间去做我们真正应该去做的事情。

对于夏威夷人来说，“平衡”不仅仅意味着平衡，它也包含着其他的含义，如“好的”、“正确的”、“正直的”、“公平的”和“不仅仅是事物存在的状态，也包含着事物已经存在的事实”。平衡是以“这种适当的方式”生活，而不是将“我们的”生活方式强加到这种方式当中去。它所包含的内在的公正并不是立法或者道德上的公正，而是由人与人之间、人与世界之间的联系所产生的心理上的平衡与公正。以平衡的方式生活就意味着和每个人、每件事相联系、相统一，这样你才能处于适当的平衡中，因为你也是这世界的一部分，你不能脱离整体而单独存在。

在学习这本书的过程中，我将会多次提醒你，要将平衡与你的生活协调起来，紧密相连。我将会多次提醒你的大脑注意，这里还有另外一种对生活的思考方法。当你感到生活中压力很重、被紧紧压在生活中的竞赛中不能自拔的时候，或者感到学习并实践自己的快乐处方困难重重的话，要注意到这些感觉只是你的传统大脑企图破坏你通往快乐天堂的旅程的阴谋而已。当你的大脑惊声尖叫，企图让你终止你的快乐处方项目时，来一次快乐暂停——休息一下，在休息的过程中默念平衡。记住你要冲破重重障碍，才能顺利实行你的快乐处方项目。

同时，你要认识到完美的平衡不是通过努力所能获得的东西。你不可能获得完全属于你自己的“自我平衡”，因为你是生活在社会当中，你生活在与每个人和每件事的联系当中，你不是孤立的。生活中没有任何东西是静止不动的，也包括你；没有任何东西是孤立的。生活中没有任何东西是完全在你的控制之中的。就像小木舟上腐烂的木头一样，你无法控制它们不被海水侵蚀。我们要时刻对我们的个人平衡保持警惕。但是如果我们过分追求完美的平衡，一生都生活在对翻船的恐惧中的话，我们只会把小木舟弄翻。我们中没有人能处于完全的健康当中，经常是处于各种各样不同程度的健康状态中（从病得很厉害到非常健康）。你可能永远也不能达到平衡的状态，但是快乐却是来源于不断趋向平衡的过程当中。

快乐的平衡是最后一系列的转换和摆动：向左一点儿，向右一点儿，上面一点儿，然后向下面一点儿。就像夏威夷唱片制作者卡那和曾经说过的那样，“如果事情没有向右面运动，那么把它牵引向左边就成了。”平衡就是一种我们处于快乐中的感觉，而不是旅程中的压力和挑战。快乐只能从我们与世界建立的“你好”原则的同盟中发展并拥有，快乐源于我们内心的相互联系和不断变化中的平衡状态。

你现在可能会重新思考一下我在这本书开头所提出来的问题了：那些非常了解和熟悉我的人是否认为我是一个在生活上、感情上、娱乐上和工作上都非常快乐，并易于相处的人呢？快乐暂停一下，将这个问题放在平衡中来考虑：是否在工作上你是快乐的，但是你却经常会给你的家庭带来不快呢？是否在家里你是快乐的源泉，但是在工作上却不得人心，和他人相处得不好？是否你在工作、家庭和感情中是快乐的，但是当涉及娱乐——高尔夫球、纸牌、网球，或者其他的活动——你却因为好竞争的个性从而使你不适合这些活动？或者在其他的方面你做得很好，但是对你自己，你却经常不经意地伤害自己，不会照顾自己？这时你要记住快乐是平衡。健康的快乐不仅需要努力和他人、和世界保持紧密的联系，而且也需要将那些紧密的联系扩展到日常生活中的方方面面，而不能只将注意力集中在生活的某一方面，比如工作、家人、朋友、运动等。我们需要将我们的精力放在生活的所有方面，并要尽力地保持各方面的平衡。

快乐实践

为了能从这本书中得到最大的快乐，你不仅需要大声朗读，还需要用肢体来实践快乐。

“你好”是身体的祈祷，是开启和谐声音的方法，是和世界连接的途径，是运动，是与所有土地精灵的能量产生共鸣的途径，是古老先辈们现存能量的共鸣。当一个人怀着对“你好”神圣含义的完全敬重来实行“你好”的时候，他就会感觉到所有一切都来到了他的面前。在他的心中，未来和世界都了然于胸。“你好”就是和先辈们、和世界、和生活的呼吸神圣联系的过程。

“你好”最基本的步骤被称为“kaholo”，它的含义就是向前伸出一只脚，然后另外一只紧随而上，放在第一只旁边，然后重复上述动作。肩膀保持挺直，膝盖微微弯曲，胳膊和手环抱在胸前，慢慢地移动，先这一边，然后那一边，就像海浪退下去又涌上来一样。

通过站立、微笑、深呼吸和依照“kaholo”的要求去做，就能让你拥有健康和快乐。但一定要怀着无限的敬重去做。“你好”是一种尽力达到平衡的方式，而不只是一种娱乐，它能非常有效地平衡你的生活。

三个快乐平衡的问题

拥有平衡健康的幸福生活并不是件轻而易举就可以做到的事情。你那紧紧定位在生活中的大脑有时需要一些动力。在这部分，我所提出来的三个问题将会帮助你吸引你那有着抵触情绪的大脑，并且帮助你集中精力思考关于快乐处方的事情，少受那些充满压力的思想的干扰。要像一个快乐的充满活力和智慧的水手那样看待问题，而不是时刻把自己武装成一个战士。

在你的某个安宁时间里，在下面三个问题“前”的空白处写下你对这几个问题的回答。然后，在你读完这本书以后，在“后”的空白处写下你那时对这些问题的看法。

在你考虑答案的时候，记住要放慢速度，紧密地联系问题来回答。就像刚开始我建议你的那样，不要只是去看，要大声地读出来。仔细朗读下面的每一个问题，以及书上所提到的每一次作业，写下你的答案，然后将你的答案大声朗读出来。如果你有录音机的话，你可以录下自己读书的声音。如果你感到时间紧迫的话，你可以在车里听你录下的回答。你也可以和其他人坐在一起（每个人最好都有一本这样的快乐指南），一起听你的回答，并且一起讨论对你的看法，包括对你个人的看法、你与他人关系的看法，以及对你潜在的快乐能力的看法。

1. 你现在在微笑吗？你对现在看到、想到和感觉到的一切东西感到快乐吗？

在这里回答是或者否。

另外，写下你如何感觉和看待此时此刻的。可以描述一下你的面部表情和身体的姿势。你又是怎样看待周围其他人的表情的，以及你此时此刻是否感觉到快乐。

前：

____

____

____

____

____

后：

____

____

____

____

____

2. 你经常能让别人感到开心吗？你每天都会给你的家人和陌生人带来巨大的快乐吗？人们都喜欢和你在一起吗？人们都希望见到你，并且对你的评价都很高吗？（这个问题的另外一个问法是：你是否喜欢在所有的时间里都和自己在一起呢?）

在这里回答是或者否。

另外，描述一下你最近和其他人在一起分享快乐的时间和地点，并且描述一下和你分享快乐的人是些什么样的人。

前：

____

____

____

____

____

后：

____

____

____

____

____

3. 地球是否因为你生活在它上面而感到快乐呢？你对于地球来说是否是一个健康而积极的人呢？

在这里回答是或者否。

另外，描述一下你最后一次为地球母亲的美丽和健康所做的努力，如环境保护或者救助了一只小动物。

前：

____

____

____

____

____

后：

____

____

____

____

____

请记住，在你完整地读完这本书以后，再重新翻过来看一下你写在“前”后面的回答，并可以将后面的60个快乐处方应用到这里来。然后，在“后”后面的空白处写下你新的答案。

快乐的心态是我们与生俱来的本能，但是遗憾的是，我们中的大多数人随着时间的流逝，已经慢慢失去了这个上天赐予我们的礼物。重新认识和发现我们内部的快乐心态，意味着打开和唤醒我们最基本的感觉，包括视觉、嗅觉、触觉、听觉和味觉，这些给我们带来了最快乐的回忆。发展快乐心态，意味着在我们的现代生活中，向那些带给我们快乐和幸福的事情和人敞开自己的胸怀。它也意味着向那些能够带来真正快乐的平衡状态行进。最后，发展快乐心态也是和地球上的生物建立起密切联系的努力。

快乐天堂的声音

夏威夷人演奏的音乐可以帮助你进入你自己的简单而神圣的“kaholo”。你可以随着古老夏威夷音乐的节奏轻轻地舞蹈或者做你的“kaholo”，你也可以在快乐暂停和实行安宁技巧的时间里欣赏这些音乐。

岛上最有智慧的“你好”老师和最优美的舞蹈家海未特有一本手册：《对夏威夷文化的崇拜》。它对于你练习和实践波利尼西亚人所说的平衡是一种很好的帮助，其中的歌曲能带给你许多关于快乐的启发。

另一个“你好”老师是瑞迟，他也是一个很有智慧和爱心、很慷慨的老师，他的文章对于处理生活和感情上的问题都很有价值。他的 CD 是《神圣的地方》和《雷的美好回忆》。

希望这些动听的音乐能给你和你的家人带去很多欢乐。

第三章　是否压抑使你喘不过气来?

你的呼吸正常吗?

“呼吸测试”

分享神圣的呼吸

你的呼吸正常吗?

我们每个人都被赋予了神圣的生命的呼吸，不幸的是，我们经常会走入一个气喘吁吁的生活境地。我们被日常繁琐的生活逼迫得太紧了，以至于我们的身体没有能力再去获得足够的空气。有时，在一次不情愿的痛苦的工作完成以后，我们甚至还处于“紧张的叹气”中。当我们向外呼气的时候，我们会说“ahh”，以缓解心里的压力。不情愿的“ahh”就是你处于“不能呼吸”的生活环境中的一个明显的表现。

为了学习记录和实践自己的快乐处方，你必须放慢你的速度，坐下来，慢慢地呼吸你紧张的生活和工作中所遗漏和释放的空气。在你读这些文字的时候，你是否在慢慢地深深地呼吸新鲜的空气？如果不是的话，那么你的西方式大脑是否在以“去做些其他事情”的思想来阻挠你呢？放下书，向后坐得舒服些，微笑，深深地呼吸几口新鲜的空气。当你呼出气来的时候，大声地喊出“ahh”。有意识地叹气可以用来放松神经，是一个非常重要的快乐处方。

你是否感到生活紧张和压抑得喘不过气来呢?

波利尼西亚单词“好了”的意思是没有呼吸。它最初用于那些祈祷速度很快的传教士，因为波利尼西亚人觉得那些传教士没有呼吸的时间。高压生活的一个主要症状是不能深深地完全地呼吸。在我们那自私自利的大脑的驱使下，我们的生活变得如此繁忙，以致使我们的呼吸只能维持大脑的正常运作，而不能给我们的灵魂带来营养。我们变成了胸部呼吸者，每天只能呼吸着仅够维持生命的空气，而缺乏足够的能给我们的心灵带来营养的氧气。因此，我们经常会面临心脏类疾病的威胁。

"呼吸测试"

请尝试你自己的"呼吸测试"。

坐下来，将你的双手放在小腹上，看着你的双手。尽量用腹部做深呼吸，你可以发现双手在向外慢慢移动。如果你的手不动的话，你就是在用你的胸部呼吸。每天来几次快乐暂停，随着音乐做几个深深的腹部呼吸。在下面的空白处记下你在这些快乐暂停的时间里所观察到的一切。

____

____

____

____

____

____

记住，当我们思考的时候我们在呼吸，而当我们呼吸的时候，我们也在思考。如果我们非常有耐心、和谐、赞同、谦虚和仁慈的话，我们就能深深地完全地呼吸了。反之，如果我们非常烦躁、孤立、充满敌意、自私和粗暴的话，我们就只能在一个很窄的范围内呼吸——快节奏地呼吸，这种呼吸的模式是打仗和逃跑的呼吸模式，而不是追随的呼吸模式。

为了更好地记录下你自己的快乐处方，你必须要控制你的呼吸。开始思考一下你的生活，将你的生活放在无边无际的大海上，那里充满了狂风暴雨，但有时也会非常地宁静、美丽，有时又会非常地残酷，有着无穷无尽的磨难。在这样的生活的大海上航行，你要学会享受生活中的痛苦与欢乐，而不是急于到达目的地。记住，在这样的大海上没有什么阻碍，所谓的分界线都是幻想，都是那种将军式的思维在作怪——将这个世界看成是自己的领土，谁要是侵犯了自己的地盘，就要克服一切阻碍，和它抗争到底。对于大洋式的思维来说，健康的生活方式是：要驾驭风浪而不是诅咒它，在大海上顺其自然地航行而不是企图控制它，要把自己定位成一个航行在大海上的水手，而不是一个企图成为船长的野心家。

分享神圣的呼吸

在夏威夷，“你好”的另一个含义是“分享神圣的呼吸”。

当你处于你的安宁时间和你的 30 分钟快乐疗法中时，这里还有另外的一个融合式的练习，做这个练习能帮助你更容易地写出你的快乐处方。

你已经学习了通过大声朗读“ho’ ata hou”（唤醒）来吸引你那紧张、忙碌的大脑，另一个技巧是反复朗读单词“快乐”。通过你的鼻孔，深吸一口气，默默地对自己说“alo”。(记住，在你吸气的时候，“alo”的意思是“分享”。) 下一步，通过你的嘴慢慢地呼出一口气，大声地慢慢地说出“ha”。重复上述动作，吸气的时候对自己说“alo”，呼气的时候对自己说“ha”。

试着做五次这样的呼吸练习，每一次都要为构成“ALOHA”的五个要素而做，也就是耐心、和谐、赞同、谦虚和仁慈。在每次你呼气说“ha”的时候想一下“ALOHA”五个要素中的一个，比如当你说“ha”的时候，想一下“耐心”，然后在下一次呼气的时候想一下“和谐”，依此类推。可能在你刚开始练习“ALOHA”的时候会感到很别扭很尴尬，但是慢慢的，在经过几次练习以后，它就会变得很自然了。而且这个练习也会慢慢教会你的大脑用“你好”原则的方式来思考问题。你会发现你忙碌的身体正逐渐放慢速度，而且你的大脑也会暂时休息一下，让你感觉到充分的放松，享受生活的美好和幸福。

第四章　为你的快乐旅行作好准备

快乐的五个要素

快乐地点的建议

合作与体贴

谦逊与善良

记录自己的快乐处方

我已经详细介绍了古老的神圣的“你好”原则的概念。在你看这本书最后的60个快乐处方的时候，你可以结合前面提到的五个基本要素来学习快乐处方疗法，那样的话能够帮助你和他人一起分享快乐、顺畅的呼吸，从而将你带入一个充满快乐与平衡的幸福生活。

快乐的五个要素

“你好”原则的五个要素是耐心、和谐、赞同、谦虚和仁慈。这些要素正在被现代自然疗法与心理神经免疫学领域的实验证明是生命的挽救者。这两个领域主要研究人的思想、身体和心灵与他人、与地球、与整个世界的联系。你正在学习记录的快乐处方是第三种方式——大洋式生活方式和西方医学研究成果相结合的产物。

在快乐处方的实践过程当中，要记住你所记录的每一个快乐处方都要包含这五个要素，这五个要素是健康生活的组成部分。当一个波利尼西亚水手为航行准备必要物资的时候，他会仔细地清点，确信基本的生活必需品已经装上船了。如果行李太多，会使航行变成一场保护行李的斗争，而不是探险和享受的快乐旅程。但是太少的行李也会让他没有足够的食物和航行必要的补给。

在这种精神的指引下，你在实践快乐处方时，必须仔细检查每一个要素，因为它们中的每一样都是你航行过程中必不可少的，尤其是当情况变得非常严峻的时候。而且要记住，与西方的警告“当事情变得严峻起来的时候，严峻的形势也就已经过去了”完全相反，波利尼西亚人的快乐是建立在“当事情变得严峻起来的时候，有时那也是你应该停止的信号”的基础之上的。

在你通读这本书的时候，你已经在尽力地像一个水手那样思考了，开始抽出一定的时间来练习安宁技巧（坐下来，感觉每件事情）。一个宁静不受打扰的地方，在这个繁忙、紧张、充满噪音的世界里很难找到，但是我们所有人还是需要这样的一个地方来放松紧张的神经，来实践我们的快乐暂停。如果你能在家里找到这样的一个地方，那么在你每次读这本书的时候，到这样的地方去看书。你的快乐地点不必要多么漂亮整洁，只要是一个安静平和的角落就可以了。要让你的家人知道，这里从现在这一刻开始就是你的快乐地点了。

快乐地点的建议

1. 如果可能的话，尽量到外面去。如果去不了室外的话，选择有植物或者能听到自然声音的地方也可以，或许在这样的地方你还能记录下风的私语。

2. 一个没有什么能分散你注意力的地方。远离电视、电话、门禁应答机器和电脑的干扰。

3. 一个有家人或者自己或者宠物的照片的地方。

4. 一个你会感到非常舒服但是不会产生困意的地方。

5. 一个你有着美好回忆的地方，如你每年摆放圣诞树的墙角，或者是庆祝其他节日的地方。

合作与体贴

如同神圣的呼吸一样，快乐处方也要同大家一起分享。你可以在属于你自己的快乐地点看这本书，但是，你所努力的结果必须要和尽可能多的人一起来分享。

就像我在前面指出的那样，学习写好自己的快乐处方的一个重要组成部分是找到一个快乐处方的合作者——一个也希望将更多的快乐带入生活当中，想给整个世界带来欢乐的人。这样的一个人可以是你的朋友、爱人、亲戚，甚至是工作上的合作伙伴，他们也希望和你一起学习并实践快乐处方。

在学习和实践快乐处方的过程中，要向其他人敞开你的心怀，可能会遭到嘲笑，以至于你觉得通往平衡的快乐生活的旅程对于你来说太过于艰难。在那样的时间里，一定要记住快乐处方的“体贴链条”规则：

1. 不管别人对我做了什么或说了什么，我总有个选择。

2. 我可以选择尽力去改变别人，或者改变我对别人的看法。

3. 改变他人太困难了。

4. 我必须改变我对他人的看法。

5. 我对他人的看法能够使我的生活进入天堂或者地狱。

6. 如果我选择将我自己或者他人的生活变成地球上的天堂的话，我应该学会以更加容忍的态度去思考，少些不耐烦，学会更好地去爱和宽恕他人。

这儿有一个例子。如果一个司机开车插到你的前面，并且示威似的向你不停闪烁车灯的话，你有选择的余地。你可以选择回敬他，也向他闪灯，你也可以选择另外一个想法。你可以这样想：“那个人确实是很忙，他可能正处在巨大的压力之下，或许他并不是经常这样没有耐心。我是有足够时间的，他也有他温柔的时候。”

记住你是能够回应他的，你可以选择你对环境和事物的反应。快乐和痛苦其实是存在于大脑之中，是你的选择而已。

谦逊与善良

要记住，追求来的成功不是健康的成功。健康的成功是自己形成的。我们每个人都是相互联系的，而不管我们喜欢与否，对于这点的认识是我们健康成功的来源。我们中的任何人都不是优于他人的，我们越把自己孤立起来，越把自己想得太与众不同的话，我们就越容易受到伤害。一个人的社会关系网越广，他受到疾病、死亡和穷困威胁的几率就越小。如果你认识到这一点，你就会明白，不同的工作、社会地位和生活模式只是我们之间一种很虚幻的界限，自高自大和过窄的自我概念才是我们生活的两大主要杀手。

只有在生活与工作中时刻提醒自己——要谦逊与善良，才能在自己究竟“是谁”和“不是谁”这两者之间保持平衡。

记录自己的快乐处方

记录自己的快乐处方要求的不是过多的自我集中，而是更多的“他人”集中，对于自我价值要有一个客观的、宽容的、愉快的评价。

英文单词“热情”的一个定义就是“忍受痛苦”，所以也就意味着“分享痛苦”或者是“大家一起承受困难”。就像劳伦斯写的那样：“给予和你所被给予的，是生活的真相，是生活的全部。”

当你写下自己的快乐处方时，记住要仔细地检查一下它们，看它们能给其他人带来多大的快乐，以及能减少他们多大的痛苦。

快乐地点的建议

1. 如果可能的话，尽量到外面去。如果去不了室外的话，选择有植物或者能听到自然声音的地方也可以，或许在这样的地方你还能记录下风的私语。

2. 一个没有什么能分散你注意力的地方。远离电视、电话、门禁应答机器和电脑的干扰。

3. 一个有家人或者自己或者宠物的照片的地方。

4. 一个你会感到非常舒服但是不会产生困意的地方。

5. 一个你有着美好回忆的地方，如你每年摆放圣诞树的墙角，或者是庆祝其他节日的地方。

快乐处方的“体贴链条”规则

1. 不管别人对我做了什么或说了什么，我总有个选择。

2. 我可以选择尽力去改变别人，或者改变我对别人的看法。

3. 改变他人太困难了。

4. 我必须改变我对他人的看法。

5. 我对他人的看法能够使我的生活进入天堂或者地狱。

6. 如果我选择将我自己或者他人的生活变成地球上的天堂的话，我应该学会以更加容忍的态度去思考，少些不耐烦，学会更好地去爱和宽恕他人。

第五章　确立自己的起点

"第七感"的作用

快乐指数测试

对快乐指数测试的应用

衡量心理免疫力

心理免疫力测试

“第七感”的作用

在我们的六种感觉——视觉、听觉、嗅觉、味觉、触觉和心理感觉之外，我们还拥有一个深奥微妙的但是非常有力的感觉，这种感觉能给我们带来精神上、心灵上和灵魂上的快乐。这就是“第七感”。

对那些在日常生活中能给我们带来健康和快乐的人或事，我们的“第七感”会作出反应。“第七感”轻轻地拍打和释放那些强有力的心理上的快乐物质，这种物质来源于我们天生的对生活的回报系统。

正确适当地评估你的“第七感”的深度和范围，对于知道两件事情非常重要。第一件，你现在的 **PQ**——快乐指数是多少？第二件，你的 **PNI**——心理免疫力能够在多大程度上保护你不受疾病的威胁？这一章能够帮助你正确衡量上述指数，使你能拥有一个让自己和别人都开心的幸福生活。

快乐指数测试

快乐指数测试

分数：

0 = 从来没有

1 = 偶尔

2 = 有时

3 = 经常

4 = 总是

______人们说我有非常迷人的微笑。

______其他人也向我微笑。

______当我笑的时候，我就尽情地大笑。

______我抽出时间，回忆生活中的美好时光。

______我避免冲突和矛盾。

______我避免重新想起曾经的生活，或者一次次地回忆令人不高兴的遭遇。

______我能给周围的人带来很多欢笑。

______在社交场合，人们不自觉地就聚集在了我的周围。

______我抽出时间和那些向我询问与工作有关的事情的人谈些工作之外的事情。

______我让事情顺其自然，而且不吝啬。

______我避免说别人的坏话。

______我是一个厚脸皮的人，所以人们的批评不会对我产生什么影响。

______当我晚上上床的时候，我会回味一下我生活中快乐的事情。

______我很容易就会笑。

______我很容易就会哭。

______我觉得和我结婚是件很令人高兴的事情。

______我参加一些诸如合唱、跳舞、游戏，以及要求大家参加的活动。

______当我生病时，我会很快痊愈。

______当我生病的时候，我停止工作，就待在家里，享受生病和痊愈所带来的快乐。

______当我处于完全清净的状态，我就傻傻地待着，或者跳舞唱歌。

______我会被美丽感动得流泪。

______我祈祷。

______我不拿自己的快乐和别人的快乐相比较。

______我不在意自己会输，当别人赢了，我会为他们高兴。

______我感觉自己已经拥有了快乐并且将快乐送给了大家。

快乐指数测试的总分：__________

对你的 PQ 分数的解释

你的 PQ 分数越高，在你学习写快乐处方的时候，你的

ALOHA 值就越高。以胡麻研究所和许多夏威夷人的测试结果为依据，我们列出了一个范围，帮助你衡量自己的 PQ 分数。

PQ 分数的范围：

90－100　强烈的 ALOHA

你有一个快乐程度非常高的幸福生活，你应该是一个快乐处方写作的主人，并且能够帮助其他人写好他们的快乐处方。

70－89　边缘的 ALOHA

你生活在一个比较快乐的生活当中，但是当你写快乐处方的时候，你必须集中精力，以避免你那传统思维的大脑对你的影响。

60－69　ALOHA 赤字

你的生活不快乐。当你写快乐处方的时候，要对自己有耐心。你要很努力地学习，你要抽出很多的时间来学习，但是对于你和周围的所有人来说，所有的努力的回报也是显而易见的。

60 以下　枯竭的 ALOHA

你的生活距离快乐太遥远了。你需要马上从你的亲密朋友或者家人那里得到帮助，开始快乐处方的学习。或许你的爱人或者亲密友人早就知道你需要帮助了，现在就去向他们求救吧！

如果你不把自己的努力和别人交流的话，你就不能写好自己的快乐处方。拿出一些时间来，和快乐处方在一起，不要让你的传统大脑将你的分数弄得那么低，也不要让它毁了你的生活。

当然啦，你的 PQ 分数并不是固定不变的。我们中没有人能永久地生活在“枯竭的 ALOHA”中，也没有人能够永远保持完全的“强烈的 ALOHA”生活。在接下来的几个月内多做几次这个快乐指数测试吧。

对快乐指数测试的应用

和你的家人朋友讨论一下你的测试结果。为了帮助你写好自己的快乐处方，下面为你应用快乐指数测试提供一些建议：

1. 每两三个星期抽出一天的时间，做快乐指数测试。在下面的横线上记下你每次测试的分数，以及每次做快乐指数测试的时间。

____

____

____

____

____

2. 分析一下自己的分数变化，在一定的情况下你的分数是上升了还是下降了呢？那些影响你分数的具体情况是什么呢？

3. 快乐指数测试中的每一个条款本身就是一个快乐处方。找出那些你的分数很低的条款，并尽力去遵循那些条款中所列的行为方式。

4. 让那些非常了解你的人也给你打一下分。问一下他们对你的分数的看法，以及他们对你是否能拥有更加快乐的生活的看法。

5. 让你工作上的同事也给你分。每个人都给自己和别人打一下分数，然后谈论一下这些分数，看看怎么做才能改善自己或者他人的分数。

快乐指数测试只是一个向导。你不必因为快乐指数的测试结果而感到内疚，或者将自己带到骄傲自满的地步。书写快乐处方是一个持续一生的过程，在漫漫的人生长河中，每个快乐处方的生命力都是有限的。当你的生活发生了改变，你的 PQ 分数、你的“你好”生活、你生活中平衡的程度也会随之发生改变。将这个测试作为你航行过程中水手用来判断风向和水流的工具，他们只是你将来生活的一个方向标而已。

在你开始下一个测试的时候，要记住，现在开始学习写你的快乐处方还不晚。不管你的分数多么低，你都要相信，内心中天生的快乐系统正在等待着被你唤醒。

衡量心理免疫力

胡麻研究所获得的一个最让人惊奇的成果就是发现了波利尼西亚方式的快乐原则与一个人的健康、痊愈能力以及免疫力之间的紧密联系。

简而言之，研究发现我们并没有免疫系统——我们就是我们自己的免疫系统。另外，我们和地球母亲是如此紧密相连，以至于我们实际上已经变成了一个“抗原”，或者是地球免疫系统的恶化因素。如果我们在学习写快乐处方的过程中不认真，或者没有变得更快乐、耐心、和谐、赞同、谦虚、仁慈的话，地球母亲的免疫系统将会拒绝和抛弃我们。我们对自己和地球母亲这种相互依赖关系的漠不关心，已经导致了致命病毒对我们的攻击。这些病毒能攻击我们体内的抗体，而这些抗体的主要任务是发现对我们的健康有威胁的抗原和外在陌生物质。由于过度开发和对土地的滥用所导致的洪水，已经夺走了地球上许多人的生命，击碎了成千上万家庭的美好梦想。当我们还在为个人利益斤斤计较的时候，我们所赖以生存的地球却在因为我们的虐待和滥用而处于水深火热之中。如何将快乐带给自己、他人以及地球母亲，对于生活在现代社会中的我们来说，是一个巨大的挑战。

这方面研究的先驱者所罗门博士是PNI（心理免疫力）项目的创立者之一。这个项目的研究已经证实了具有2000年历史的波利尼西亚快乐原则能够带来真正的快乐，这种快乐能够在我们面临疾病威胁的时候，使我们保持健康或者尽快痊愈。胡麻研究所将自己的研究成果、亨瑞（另一个PNI领域的聪明机灵的学生）的研究成果，以及其他PNI领域的领头人的研究成果结合起来，创造了下面这个心理免疫力测试来帮助你，让你知道开始写自己的快乐处方的紧迫性。

心理免疫力测试

心理免疫力测试

分数：

0 = 几乎没有

1 = 偶尔

2 = 有时

3 = 经常

4 = 总是

______日常工作对于我很有意义，工作也有目标。

______在家庭生活中，我感到安全、体贴和满足。

______我最亲密的个人关系是幸福和快乐的源泉。

______我会让自己的愤怒表现出来，而不会觉得那是一种好斗的倾向。

______任何当我需要帮助和支持的时候，我都会寻求帮助。

______当我寻求支持的时候，我就会得到支持。

______当人们要求我帮助他们做我并不喜欢的事情时，我会说“不”。

______我吃我认为对自己有益的食物。当并没有按照别人的观点去吃那些人们所认识的“健康食物”的时候，不会感到内疚和罪过。

______我的运动方式都非常有意思，并且是我自己的选择，不是别人的意见。

______我玩耍时会表现得很幼稚，充满孩子气。

______当我闷闷不乐的时候，我知道自己会恢复的。

______我是一个乐观主义者。

______对某些人我会完全地吐露我的心声。

______我对自己的身体很熟悉，我能读懂身体发给我的关于健康状况的信号。

______我知道自己身体的局限，而且从来都不会超越它的局限。

______我知道自己情绪的薄弱之处，而且避免去触动它们。

______我有一种很强的控制自己生活的欲望。

______我能控制住自己的时间。

______我在自己的时间里是自由的，并且向所有的陌生人敞开心扉。

______我不会将所有鸡蛋都放在同一个情绪的篮子里，我会让我的生活多姿多彩。

______当其他人作出了决定或者拥有控制力的时候，我会感到很高兴。

______开车的时候，我会放松自己，而且不会发脾气。

______我会有很多亲密的身体上的接触。

______我有一只宠物，而且能够真正地去照顾它。

______我不会对每一件事都亲力亲为。

心理免疫力测试的总分：________________

对你的 PNI 分数的解释

你的 PNI 分数越高，你的免疫系统可能就越平衡，你得病的概率就越小。即使你得病的话，痊愈得也越快。下面范围的划定能够帮助你更好地理解你 PNI 的状况。PNI 测试以胡麻研究所的研究为基础。为了验证心理免疫力测试结果的准确性，许多波利尼西亚人和大量的西方人一起参加了这个测试。

PNI 分数的范围：

90－100　平衡的心理免疫力

你有非常强大的愈合的潜力，记录和应用快乐处方能够发掘出你的这种潜力，帮助你增强和巩固这种能力。(夏威夷人的心理免疫力测试的平均分数是 91 分)

80－89　多少有些摇晃的心理免疫力

对现代社会中一些小的传染病你会很脆弱，你可能会出现一些慢性的、令人不快的症状。

70－79　摇晃的心理免疫力

在一些非常严重的、持续时间很长的、对人体损害很大的疾病面前你表现得很脆弱。

69 以下　非常摇晃的心理免疫力

在你的生活中，你迫切需要更好的平衡和更多的快乐。你经常是周围人的“抗原”，对于他们的心理免疫力来说，你是一个很大的威胁。

对 PNI 的研究只是一个开始，是一个探索我们的大脑、身体、免疫系统和这个世界有何种联系的开始。前一阶段的研究表明，我们发现的问题比得到的答案还要多。

然而，不管你的心理免疫力测试的分数是多少，一定要鼓起勇气来。你可以现在就开始为提高你的分数和改善你的生活质量而努力。每两三个星期抽出一天的时间来做心理免疫力的测试，做一份你分数变化的曲线图。

当你通读完这本书以后，再返回来，重新回答一下第二章中提出的三个快乐平衡的问题，也最好重新做一下这章所提到的两个测试。如果你能坚持按书中的要求进行自己的 30 分钟快乐疗法，并抽出时间做安宁技巧训练，深深地呼吸，认真地做，我敢保证你的分数会急速上升。就像我先前建议的那样，让你的家人、同事和朋友与你一起做 PQ 和 PNI 的测试，那样的话对你是非常有帮助的。你可能也希望给别人打分，以验证一下这个测试的准确性。你将会发现，当你的分数上升的时候，你周围人的分数也会一起上升。

第六章　六个欢迎和六个警告

为拥有健康而快乐

去感觉、去爱、去工作和娱乐

学习如何分享快乐

学会更加简单的生活方式

学会拥有更少和学会说“不”

学到“不正常”的快乐

休息一下，准备出发！

和许多夏威夷单词一样，“你好”有着多种含义。其中就包含“你好”和“再见”两个意思。因为波利尼西亚人并不把精力集中在个人利益上，他们经常是“从某处来”或者“到某处去”，他们需要的是一个包含着庆祝和分离的感觉的世界。在这个世界里，能够清楚地表明他们“在这里”。“你好”同时也反映了水手“当她离去时要表现得绅士些”的态度。因此，“你好”意味着珍视每一分每一秒和大家在一起的快乐时光。但是，不要过于着急，不要在相互联系中过于紧张。它意味着在出发的时候要小心谨慎和保持理智，不要对我们的分别过于伤心，因为我们虽然在向着新的联系前进，但同以前的朋友并不会真正分离。“你好”也反映了这样的一个事实，就是生命的每一次旅行都有自己的快乐和痛苦。我已经告诉过很多人，不要在生命的旅程中前进得太快，而是要注意欣赏生命旅程中光明和黑暗两者各自的魅力。

记住，这本小册子并不是一本供你消遣、仅仅让你感觉不错的书，它的目的是成为一本“平衡和紧密联系”的书。就像我们现在所学的一样，要获得快乐最重要的是保持日常生活中感情、工作、娱乐和痊愈之间的平衡。在充满平衡感的生活中，不快乐和快乐一样普通和自然，而且不快乐能够帮助你更加深刻地理解快乐的含义和对快乐的渴望。单词“你好”抓住了生活中平衡的真谛。一个夏威夷的智者曾经向我解释这个概念:“在快乐中经常会存在着‘地狱’,每一次再见意味着下一次的相逢”,“放慢你的速度,珍惜你现在——此时此地的每一次快乐和再见”,“和你周围的每个人来分享你的快乐和悲伤”。在这种精神的指引下,我们将列出快乐旅程中对你的六个提示。

为拥有健康而快乐

虽然每天我们都会听到关于疾病危害健康的事情,但是大多数人还是生活在比较健康的状态中。科学家已经警告过我们,在我们的日常生活中潜伏着各种各样对我们的健康不利的危险,但是事实上我们都还活着,而且比 20 世纪 40 年代的人的平均寿命高出 13 年,我们的寿命期望值比 20 世纪初翻了一番还多。写你自己的快乐处方并不是为了避免生病。它的目的只是为了你的生活本身,为了你能够拥有一个充实快乐的生活,让你能够理性地享受现代生活,不要否认你所追求的生活中的简单快乐。

我向你保证,不管你能够活多久,只要你能够按照这本快乐指南所说的去做,学习写自己的快乐处方,将自己的快乐处方应用到生活当中去,并且帮助别人写他们自己的快乐处方,最后你都会感觉到自己已经活得足够长了，而且你的生活也正是自己一直希望的那样：不虚此生。一个夏威夷人曾经对我说过："如果你有一个好的生活，在你告别这个世界的时候，你会感到自己的一生都非常值得回味——经历了生活的快乐，也经历了生活的痛苦。如果你的生活运用了'你好'原则的话，你就会拥有你所梦想的生活，到达你所向往的天堂。"

警告！不要在你出生前就死去！

每个人都会死去，但是我们中的许多人对死亡或者不幸充满了极度的恐惧。政治学家温戴威曾经写到："多么不可思议！最富有的人，寿命最长的人，受到很好保护的人，拥有很多生活资源的人，能够最深入地研究技术的人，却也是最恐惧死亡的人。"当你进入追求幸福生活的旅程中的时候，你应该知道生活在这个世界上的任何人，都是一开始就接受了最终要面对死亡的现实。所以，你要学会和别人分享生活中的快乐，而不是努力工作来忘记死亡的事实。

我的一个非常害羞的朋友刚从三次晚期癌症的化疗中恢复过来，他对我讲了一番话，很令我吃惊，也使我感到一丝惭愧。他说："从癌症的化疗当中我懂得了一件事情：如果你所有的努力只是为了活得长久些，那么你的整个生命会耗费在无穷无尽的努力上而不是欢乐上，而且你将再也不会获得真正幸福快乐的‘重生’。”

当然，波利尼西亚水手的航程中也充满了危险，你的快乐航行也不会一帆风顺。尽力忘记那些疾病和死亡的威胁，学会更加敏感，为健康的生活方式而不断努力。

在我们的现代社会中，许多人将快乐仅仅看成是一次分神，或者是生活对你的暂时的补偿，所以就会有人置疑你追求快乐生活的努力，甚至会在你享受生活的时间里来干扰和阻挠你。请不要理睬他们，走你自己该走的路吧。

去感觉、去爱、去工作和娱乐

就像莎士比亚指出的那样，在港口中的船舶都是很平静的。但是一旦你打算出海冒险的话，一旦你将你的心和思想向世界敞开的话，那么，你就必须学会像一个夏威夷水手那样去思考、去感觉、去爱、去工作和娱乐。

大洋式的生活方式讲求的是快乐、随遇而安。它教你如何用爱来填满生活的旅程，而与此相反，传统的生活观念却是教你如何努力工作来得到你想要的东西。如果你不将你所拥有的快乐处方应用到生活当中，或者不帮助他人拥有他们自己的快乐处方的话，你也就不会拥有真正的快乐。

健康的快乐是对付疾病的“杀手”！

医生们经常谈论对我们的健康构成威胁的各种疾病，而快乐是对付任何一种疾病的“杀手”。它来源于联系、平衡、祝福、幽默感和时间上的自由，所有的这一切对你的健康非常有利，但是对你的病痛来说，却是极大的“威胁”。书写快乐处方要求你改变自己的生活方式，在工作和娱乐之间保持平衡，分享他人对自己的赞赏，一起画画、唱歌、跳舞、听音乐、祈祷，还有就是一起做白日梦。当你书写和实践快乐处方的时候，你感觉到越孩子气，甚至越愚蠢，你和周围的每个人就会感觉到越健康。

学习如何分享快乐

大洋式的思维模式和传统思维模式之间最重要的区别就是，大洋式的模式是建立在相互联系之上的，而传统的世界是一个消耗的世界。它是建立在索取之上的，得到我们想得到的一切东西，而不管用什么样的方式和手段。它强调自力更生，一切靠自己，而不是大家的齐心合力。源于大洋式思维模式的快乐处方认为，健康的快乐源于珍惜我们现在所拥有的，而不是要拥有我们想要的东西。只拿我们所需要的，帮助别人拥有他们所需要的，而且尽量少拿我们所能拿的东西，那样的话别人就能多拿一点儿，或者留给别人的东西就多了。

最新的研究清楚地表明：那些给予别人很多的人，慢慢地会得到更加健康的生活和更强的痊愈能力。心理学家所说的“帮助者的高境界”指的就是给予他人快乐所带给免疫系统的好处。如果你能抓住任何可能的机会敞开你的心扉，能够给予他人快乐并与他人分享你的快乐的话，你将会写出更加有说服力、有实践意义的快乐处方。

快乐要与他人分享！

波利尼西亚人的生活经历和现代科学研究证明，缺乏与周围世界的联系是幸福生活的主要杀手。如果你在写快乐处方的时候，只是为你自己而不是为了世界，那么你的快乐处方就会产生很不好的负面影响。记住，大洋式的思维模式教给我们的关于快乐的概念与传统的快乐概念截然不同。夏威夷人的快乐是分享式的，将健康和快乐带给自己和周围的人。如果你的快乐处方只是为了给自己带来快乐和幸福的话，它们的药效就会变得非常弱。

学会更加简单的生活方式

你的生活越复杂，生活中能享受到的乐趣也就越少。我们有时会自己骗自己，使自己相信我们的手机、电话、应答机、传真机和其他设备能使我们的生活快乐幸福，但事实上，却是这些东西的发明使我们的时间更少了，使我们很少有时间再去享受生活。

技术的进步给了我们更多的自由，将我们从繁文琐事中解放了出来，但前提是必须很理智地去应用它们，而不是被技术所控制。书写快乐处方，要求我们掌握和控制这些技术装备，因为它们已经从我们的手里夺走了太多宝贵的时间。快乐的生活不是被纸张、电子邮件和传真填满的世界，而是没有太多东西干扰的简单的生活。

在书写你的快乐处方的时候，一个非常重要的步骤是抽出时间来享受生活，而不是每一次电话铃声响起就跳起来去接电话，让工作充斥在生活当中。

警告！这里没有师傅！

最近获得快乐的一个阻碍是“怎样去做”心理的出现。有的人需要别人告诉他怎样将快乐处方应用到实际当中去，他们需要一个最新、最有效的实践方法。这本书，就像夏威夷人的方式本身一样，并没有提供那样的一个方法和计划，只是为你提供了一个快乐处方课程的图标，同时还有最古老也是最新鲜的思想。

这里提供的想法没有一个是我的。就像你所做的那样，我每天也在努力使我的生活和其他人的生活，以及整个世界变成一个更加快乐的天堂。这几页所介绍的课程和推荐的东西，都是在许多科学家、夏威夷智者和其他人严谨的科学研究和缜密的思考的基础上得到的。我只是这些伟大思想的记录者和传达者，这些闪光的思想都是那些智者教给我的。任何的错误、夸张的地方，或者过于简单的介绍都是我的责任。所有的智慧和创新都是我的老师所赐予我的最珍贵的礼物。

学会拥有更少和学会说“不”

通向快乐的途径并不是竭尽全力去拥有更多的东西，去做更多的事情，以及对每次机会都说“是”。这些都是传统的途径，不是大洋式的通向幸福的路线。当你学会书写和实践自己的快乐处方时，要记住，你的目标并不是作为一个个体要让自己变得更出色，而是真诚地去改善我们自己和周围每个人的生活。

警告！你不能拥有所有的东西！

另外一个对快乐的阻碍是我们想要拥有一切。这种自私的心态所导致的结果是加重了我们失望的感觉。我们失去了拥抱父母、拥抱孩子或者仅仅是和家人坐在一起的宝贵机会。我们起初愿意为了金钱而花掉全部的时间，但是当我们的人生旅程走了一大半的时候，我们又开始为了拥有更多的时间而花费所有的金钱。如果你以个人的成功而不是和他人分享的快乐来衡量和计算你的人生价值的话，你就永远都不会成为一只蝴蝶——蝴蝶拥有足够的时间，以分秒而不是以年月来计算时间。快乐可能会要求你作出一些对你来说很艰难的选择。

学到“不正常”的快乐

有人曾经这样写道：“我宁愿成为一个智力不正常的人，也不愿成为一个被调整好的机器人。”我们现在所认为的“正常”实际上是病态的。在早上我们会被嗡嗡的吵闹声弄醒，吃了早餐，然后冲进蒙蒙亮的晨色当中，晚上再踏着夜色而归。工作将我们和其他人分离开来，回到家里太劳累了，以至于不想再和家人、朋友坐在一起聊聊天、说说话，而他们却是很在意这些事情的。我们真的正常吗?

警告！正常化对你的健康是严重的威胁！

西绪福斯是希腊神话中的一位暴君，死后受到了严厉的惩罚：每天将一块巨石搬到山顶，但当快到山顶时，巨石又滚落下去，他只好再重新搬运。如此周而复始。我们中很多人也都患有现代的西绪福斯综合征，在日常生活中，就像一台调好的机器人一样顺着“正常”模式运行——做得多，但是享受到快乐的机会几乎没有。我们为所谓的正常化所付出的代价和西绪福斯式的生活方式带来的是心脏病和癌症，而当你书写并实践自己的快乐处方时，你就正在减少你患严重疾病的机会，或者当你生病的时候，也会最大限度地增加你痊愈的机会。

如果你愿意接受我在这章里提出来的挑战和警告，你将会更加顺利地写好你自己的快乐处方。如果你能够做到：不过早地担心死亡，集中注意力在享受生活上，远离（至少不要过多地接触）那些浪费时间的机器，不要索求过多，敢于说“不”，愿意有点“不正常”，愿意向大洋式的生活方式敞开自己的心扉，让此种方式深入到你的每个毛孔当中去，你就会很快发现这种快乐处方的思想创造了一种新的思维模式，就是怎样将快乐带入你和周围人的生活当中去，而且这还能快速开发你那被释放的传统的大脑。

休息一下，准备出发！

通过阅读前面讲到的内容，你已经开始转变你的思想了。你已经学会了像一个夏威夷水手那样去思考问题，将三个快乐平衡的问题作为你快乐航程的出发点，抽出时间进行深呼吸，做快乐练习，测试了自己的快乐指数和心理免疫力，学会了“你好”原则，记住了快乐航程中的欢迎和警告。在下一部分中，你将学习在通往快乐天堂的航程中所需的才能和技巧。

在第二部分中，你将学习驾驭快乐的根本才能和技巧，它们包括以下方面：

足够的智慧、足够的善良和有足够高的情商来让自己的生活充满快乐。

拥有健康的体魄，并且能够与其他方面相平衡。

具有优良品德并赋予他人快乐。

成功的驾驭者必须了解自己的情感，为自己的情绪负责，关怀他人。

健康快乐的三种才能：智慧、品德、情商

在第二部分中，你将学习驾驭快乐的根本才能和技巧，它们包括以下方面：

足够的智慧、足够的善良和有足够高的情商来让自己的生活充满快乐。

拥有健康的体魄，并且能够与其他方面相平衡。

具有优良品德并赋予他人快乐。

成功的驾驭者必须了解自己的情感，为自己的情绪负责，关怀他人。

第七章　快乐的智慧测试

拥有智慧并不断深入

快乐的智慧测试

对测试分数的解释

有三种才能对你开出快乐处方具有重要意义，那就是智慧、道德和情商。下面的几个章节将描述这三种才能所分别具有的五种成分，当其与“你好”规则（耐心、和谐、赞同、谦虚、仁慈）相结合，我们就得到了十五种开出快乐处方的途径和方法。

本章将帮助你了解智慧对于拥有快乐生活的必要性，而第八章与第九章将分别探讨道德与情商的问题。每一章都会提供一份测试，帮助你评估自己目前的才能水平。此部分的最后一章——第十章，将“你好”原则、智慧、道德和情商综合成为一份有十五个项目的菜单，以便读者开出充满人情味的快乐处方。你可能现在就想开始这些章节中的测试了，别忘了读完整本书时回过头来再做一遍，检验一下自己是否进步。每章结尾的部分都为读者留有做笔记的空间，你可以在那里记录自己的进步情况。

拥有智慧并不断深入

智慧区别于聪明和智力。人类是这地球上最聪明的生物，虽然在变得越来越聪明，却不是越来越智慧。所以当我们拥有更多物质时，享受的感觉却更少了。

是智慧而非智力让我们找到生命的真正意义和其中的快乐。哈佛大学心理学家卡干指出："是人类的智能使我们发明了原子弹，但是智慧却让我们不要去使用它，并且怀疑我们一开始为什么要制造它。"人们可以以微不足道的成本获得智慧，因为其记载于书中，但是智慧却不仅仅是通过阅读就可以学会的。它是一种思维的方式，是建立在如同"你好"等一系列概念基础上的。我们之所以感到缺少快乐，是因为没有足够的智慧开始充满感性的生活。正如一位夏威夷长者所说："生活中似乎总是有许多不快乐的聪明人，却很难见到一位不快乐的有智慧的人。"

即使在对智力的定义上，传统思维与大洋式思维也有明显不同。现代人喜欢将重点放在文字化的符号、单词、数字和推理上面，但是夏威夷人的智力首先是来源于古代的观点以及描述与土地和家庭保持良好联系的故事中。在现代社会中，聪明就是能够跟上时代的步伐，知道最新的信息。但是在波利尼西亚人的观念中，聪明的意思是记住最古老的、经得起时间考验的生活方式，这种生活方式尊重他人，尊重地球母亲。

对"智慧"概念有着深入研究的百特博士指出，智慧需要对生活中的五个问题有着深刻的认识。首先，我们必须意识到对生活中的压力作出过激的反应是非常具有破坏性的。其次，我们必须承认现实生活中的障碍，要对生活有个全面的认识。

第三，我们必须避免一种天生的倾向，就是怀疑或者防卫其他人。第四，我们不要总盼望事情朝着我们所希望的样子发展，我们必须学会随着事情本身的发展来调整自己。最后，我们必须要记住，以人类为中心，认为人是世界的统治者并不正确，我们不是世界的统治者，每个人的生活都是宇宙进化中一个极小的组成部分而已。

我的一个从夏威夷来的朋友结合自己的快乐知识，为我总结了百特的研究结果。她说："如果你打算向一个西方世界的人讲述智慧型快乐的话，记得一定要告诉他们，他们被压力弄得太沉重了，以至于他们关于生活的观点太过狭窄，过于目标化，反应也过于激烈，他们的控制欲太强了，总想从生活中获得更多的东西。""他们自我感觉有资格拥有快乐，而不是认为这是上天赐予他们的礼物。他们并没有认识到快乐的生活是通过对家人和周围的人的尊重而获得的。""他们期望的是立即的快乐，并没有认识到快乐就像海洋一样。我们所有的人都在里面自在地悠游，追逐着波浪，但是快乐并不是我们自己的，我们不能控制它。技术好的逐浪者帮助其他的逐浪者，一起等待下一次的浪头过来，去分享其中的刺激和快乐。"

为了帮助你学习智慧型的快乐方式，做一下下面提供给你的快乐中的智慧测试。这个测试集中介绍的智慧方式和百特在他的研究中所得出来的结论非常相像。你的分数能够很好地帮助你了解当你面对现代社会的各种困境时，你能够用自己的智慧解决问题的能力到底如何。

首先是关于这个测试本身的说明：胡麻研究所已经收集了包括西方人和夏威夷人在内的，在第七章、第八章和第九章中提到的测试的一千多个分数。无论我旅行到夏威夷的哪个地方，也不管我什么时候遇到夏威夷人，他们那种天生的慷慨使得我可以向他们收集这些测试分数，并且得到他们关于神圣波利尼西亚信仰的深度认识。在我的测试中，我当然没有说这些简单的测试就能够抓住波利尼西亚人大洋式生活方式的精髓之处。

在这几章里所涉及的测试中，我收集到的波利尼西亚人的分数是从一个大概 100 个智者的群体中得到的。我和他们一起参加了相关的研讨会，从这些长辈那里我学到了很多的东西。我们一起磨平石头，弄鱼钩，还一起讲故事，讲关于波利尼西亚人生活方式的故事。这些智者志愿接受这些章节中的测试，因为他们也想将他们大洋式的快乐和智慧与整个世界分享。为了让大家有个直观的认识，在这些章节的每个测试后都附有他们的分数。

快乐的智慧测试

分数：

0 = 从来没有

1 = 几乎没有

2 = 偶尔

3 = 有时

4 = 经常

5 = 总是

______你能平静地反应吗?

______在你解决一个问题之前，你是否有足够的耐心等待问题全部浮出水面，全部显现出来?

______是否认识到了日常生活中最基本的健康是什么?

______在你解决问题之前，你是否愿意认清整个事情的全部，然后再解决?

______你是否能够避免“问题化”，也就是你能否在问题和争论出现之前就能够预感和面对它们呢?

______对上下文你是否敏感?

______你是否和你周围的世界足够协调，以至于你能够看到一个问题的各个方面呢?

______你是否已经从“目前化”中解放了出来呢?使得你能够从一个长远的角度来看待问题，而不只是依据此时此地的情况来认识它们呢?

______你对你周围的环境敏感吗?你是否能够敏锐地观察到你周围的一切情况?

______你是否是一个综合者，能够将事情综合在一起，而不是分类、分离，或者将人们和现实分裂开来？

______你是否擅长思考而不是立即反应？

______在作出回应之前，你是否同意应放慢脚步，好好地思考一下问题呢？

______你是否能够避免作出一个防卫性的或者过分肯定的反应呢？

______你对问题的看法是否经过仔细的研究、周密的思考，并且是善良且有容忍力的呢？

______当你和他人齐心协力地解决了问题以后，你是否会衡量一下你自己和他人在解决问题的过程中所付出的代价与获得的利益呢？

______你在什么时候会尊重不确定性呢？

______其他人是否说你是一个谦虚的人，而不是一个自以为是的人？

______你是否确信你的生活中存在着许多的不确定，并且认识到生活中没有任何事情是“为确定而存在”的呢？

______你是否能够轻松应对别人对你的批评而不会作出防卫性的反应？

______你是否认为对于任何问题都没有一个完美的解决办法，而且对于任何一个问题都存在着无数的解决办法？

______你是否认识到了联系的重要性呢？

______那些非常熟悉你的人是否说你很善良和蔼，并且容易接受和你的价值观念相差很大的观点和现象？

______你是否很努力地去理解别人看待问题和得出结论的方式呢？

______你是否避免认为他人的观点没有自己的观点有价值？

______你是否试图向他人学习，不管他们的思考方式、价值观念或者生活重心看起来与你的相距甚远？

总分：______

对测试分数的解释

90－100 一个智者

你拥有足够的智慧，能够和其他人一起来分享生活中的快乐。（一般智者在这个测试中的分数是91）

80－89 正在发展中的智者

你很聪明，但是你还需要更聪明一点儿来分享生活中更多的快乐。

70－79 具有智者的潜力，但是还需要有更大的转变你很聪明，但是还没有聪明到能够获得完全的快乐的阶段。

70 以下　处于起始阶段，需要学习

你的内心迫切需要享受生活中的快乐，你应该立即开始学习。

智力是知道应该小心些什么，但是智慧是能够统观全局。智力要求的是及时的反应和快速的思考，而智慧要求的是精确的思考和滞后的反应。智力寻求的是确定性，而智慧却传达的是没有任何事情是确定的观念。智力大踏步地向着信心前进，而智慧则认为世界天生就是混乱的，并且每件事情都是相对的。智力帮助我们应付高度发展的现代社会，但是智慧却是要帮助我们创造一个更加美好的世界。智力帮助我们争取想要的东西，而智慧却是帮助我们学会如何将生活中的成就快乐地结合到一起，在整体上获得快乐和幸福。

如果你想通过努力成为一个智者、一个拥有智慧的人，并且获得平衡的快乐的话，利用下面的空白处写下你对下面问题的回答。当你在写答案的时候，问一下自己，在你解决你所遇到的问题之前，你是否已经真正地抽出了时间来了解你目前所处的状况和面对的问题，你是否已经开始为了智慧而努力了。

1. 最近让我感觉很不好的一个主要问题是：

2. 在解决这个问题的时候，我想我应该作出的反应是：

3. 我的家人认为我应该作出的反应是：

4. 以我上面所学习到的知识为基础，我知道解决我的问题有不同的方式。如果我是一个智者的话，我将会像下面写出的那样来解决我的问题：

在你回答完上面的问题以后，来做下面的事情：

在寻求对问题的一个平衡的解决办法时，夏威夷人更注重于心而不是大脑。将充满爱心的智慧应用到实际生活中去，以此来缓解现代社会所带给你的压力，而不是用你那自以为聪明的自私的大脑来解决问题。

第八章　快乐的美德测试

五种达到美德快乐的方式

快乐的美德测试

对测试分数的解释

“爱是人类的传统美德”，意思是不管男人还是女人，不管是否拥有智慧，在任何时间、任何地点，在他（她）的身上都可以找到爱的痕迹。

在最新的辞典中，美德的定义是道德的练习和实践，或者是与正确的标准保持一致的行动。美德的含义就是追求最高质量的生活方式或者服从最高境界的行动和思考标准。图图玛玛是一位很受尊敬的夏威夷智者，是我非常亲密的朋友，也是他送给了我一个夏威夷名字，他曾经告诉我：“美德，经常能够让你的学生变得更好。”“教给他们美德，即使他们已经非常聪明，甚至已经拥有了智慧。如果他们不能用美德来激活自己的智慧的话，那么他们并不能给其他人带来快乐。如果他们不能将快乐带给他人，那么在他们自己的生活中，他们也不会享有快乐的。”

“你好”的一个重要组成部分就是“AKAHAI”，也就是仁慈的、温柔的、高尚的。在最简单的术语解释中，它的意思就是展示“AKAHAI”的人是那些非常好的人，他们能够使周围每个人的生活都充满快乐。对夏威夷人来说，为人们和世界做正确的事情和做好事并不仅仅是一件要做的正确的事情，而是一种健康的生活方式。平衡的另一个意思是“正直和公正的”，对于夏威夷人来说，美德的含义是：每天生活的目的就是帮助世界和周围的一切保持平衡，与古老的美德和文化保持一致。

充满美德的快乐要求一个稳定的心态，也就是说要求一个人不要去躲避做好事，即使做起来会很难。它要求将每个人都看成自己的家人，但这里的家人并不仅仅是那些和你同住一个屋檐下的人，而是和我们共同生活在这个地球大家庭中的人。它要求一个人要成为对他人来说很具吸引力的人。当别人需要帮助、需要安慰或者需要指导的时候，首先会想到你。它要求一个人对别人的影响要敏感，能够意识到言语具有巨大的心灵感召力和不可思议的力量。

当我努力地将这种神圣的波利尼西亚观念转化成西方式的测试时，我请夏威夷的智者来帮助我这样做。他们警告我说，首先最重要的是，真正的快乐是能够给他人带来快乐的快乐。追求自私的快乐，在夏威夷人看来，不仅仅是对目前生活在这个世界上的人们的不尊重，也是对先辈们的不尊重，因为先辈们给了我们优雅、爱和快乐。

五种达到美德快乐的方式

一位92岁的智者曾经对我说：“如果你想在生活中拥有快乐，你必须像一个渔夫一样，将你所捕获的鱼与大家一起分享，尊重它的资源和它的极限。”“你必须首先想到的是你的快乐通过一定的方式或早或晚都能给别人带来快乐。记住，不要太过张扬你自己的快乐，避免其他人不能够感觉到你那时所感受到的快乐。”“当人们陷于悲伤中时，他们那时会对你表现出伤感的一面，就像你在过去向他们表达出你的快乐一样。”“你一定要记住，不要将你的快乐全部占有，而是要对快乐浅尝辄止，就像一个渔夫只拿他所需要的鱼一样，渔夫会先与其他人分享他的成果，而不是告诉每一个人他是一个非常出色的渔夫。”“你还要记住，在你的快乐中要讲求公平，要通过祈祷来向你的祖先表达你对他们的感激之情，谢谢他们，不管你什么时候得到了快乐，记得一定要将它们返回到它们来的地方。”（与其他和我谈过话的智者一样，她是用夏威夷语和我说的，所以我这里翻译过来的只是他们那充满智慧的话语的一个大概意思。）

以现代心理学和古老的波利尼西亚思想为基础，研究者以为要获得充满美德的快乐需要做到五点。首先，它意味着耐心专注于一个问题，不要轻易放弃。其次，意味着对他人的快乐要敏感。第三，要克服西方的一个神话，那就是要爱自己才能够去爱别人。第四，他人炫耀自己的快乐的时候要学会克制自己，要表现得非常有礼貌，和他们一起庆祝他们的快乐。而当幸运来临的时候，要记住没有任何的幸运（或者悲伤）是永远存在的。最后，要知道没有任何一个人的快乐是建立在剥夺他人快乐的基础之上的。

下面的美德快乐测试能够帮助你衡量一下自己“好”的程度，“好人”就是在生活中的各个方面都能表现出美德。这本书中所有的测试都是以西方心理学家和科学家关于快乐处方的最新研究成果与夏威夷人传统的“你好”原则为基础的。

快乐的美德测试

分数：

0 = 从来没有

1 = 几乎没有

2 = 偶尔

3 = 有时

4 = 经常

5 = 总是

______对你的朋友你是否有足够的耐心，甚至当他们的问题弄得你很不舒服或者你感觉他们是在自己给自己找麻烦时，你是否还有足够的耐心呢？

______即使事情对于你来说做起来非常困难，你也会尽力去把事情做好吗？

______你是否尽力让自己在面对困难的时候不要退却、放弃或者走开呢?

______其他人是否会说，即使在最困难的时候，你的作用也是不可忽略的？你是否表达过同情心呢?

______不管是多么难相处、多么古怪的人，你都能和他们相处得很好吗?

______你是否对陌生人像对家人那样彬彬有礼?

______你会为一个陌生人的不幸而轻易哭泣吗?

______你是否认为世界的问题就是你的问题和责任呢?

______你能控制住自己吗?

______人们会经常说你是一个快乐的人吗?

______你是否有很好的自我约束力呢?（包括摄取健康的饮食和进行锻炼）你是否能够避免不健康的行为呢?

______你是否能够避免有自己的“生活秘密”呢？这些秘密是关于你在工作、娱乐或者感情方面最私人的行为，如果这些秘密公布于众的话，是否会让你和你的家人感到尴尬呢?

______对于机会你是否能够轻松地说“不”呢？甚至是当你感觉到非常幸运、光荣或者是诱惑非常大的时候，你也能够轻松地拒绝吗?

______你很精明吗?

______别人是否说你是个非常谦虚的人呢?

______其他人是否认为你是一个非常谨慎小心的人呢?

______你是否遵守所有的交通规则，遵守这个社会上的所有规则，即使你并不赞同这些规则和法律？

______其他人是否认为你是一个谨慎、能够保守秘密，并且不谈论别人的人？

______其他人是否认为你是一个非常善良温和的人？

______其他人是否认为你是一个非常公正的人？

______其他人是否认为你从来没有撒过谎，能够给予完全的信任？

______你是否对为他人服务而感到高兴呢？并且不需要任何的回报、认同或者感谢。

总分：__________

对测试分数的解释

以胡麻研究所的研究和测试为基础，下面给出了四种分数划分，使你能够认识到自己的美德程度。

90－100　高度的美德

你使其他人的生活非常快乐，因此你也能够得到很大的快乐作为回报。（智者的平均分数是93分）

80－89　比“90－100”的美德稍低

在为他人创造幸福快乐方面，你还需要更加努力。

70－79　美德滑动

在别人的生活中，他们不能将你看作经常性的快乐源泉，你自己的快乐也是递减的。

70以下　美德摇晃得很厉害

你有时带给其他人的痛苦不仅仅阻碍了他们的快乐，同时也给你自己的快乐带来了危害。

每个孩子都听过“做个好孩子”这样的话。如果你没有将智慧通过关心、温柔、助人、宽恕和道德的方式扩展开来的话，那么做个好人也就只是一句空话而已，起不到任何作用。就像我在这本书前面所讲的那样，对于心理免疫力（PNI）的研究清楚地表明：给予、关心以及与人们紧密相联，能够使人较少地经受病痛的折磨；当生病时，愈合的速度也是比较快的。身体看起来能够感受到其他人对自己的充满善良的行为，并通过良好的身体感受来对他们的美德表示感激。当我们表现得很友好的时候，我们也能够享受到快乐和幸福。PNI的研究表明，培养和发展自己的美德，能够很好地增强你的免疫能力。你身体内的细胞能够区分出对你的健康有实际危害的事物。当你用美德的思想来思考问题和指导行动的时候，这些细胞的能力也会大大地增强。

当我的朋友经受着病痛折磨时，我就帮助他们学习一些夏威夷人关于美德快乐的方法，以此来帮助他们治愈病痛。这些方法是一些最基本的东西，包括坚毅、同情、节制、谨慎和正直。我告诉他们要和生病的朋友多聊天，去拜访一下医院里的其他病人，即使自己也非常虚弱，但也要尽力去做。我告诉他们，可以试着表现出同情而不是和医院里的工作人员大发脾气，即使是在医院例行公事的态度让你非常恼火的情况下。我警告他们，即使是有千万个理由，也不要把自己的病情想象得过于严重或者像一个病魔的殉道士一样。还有就是，也不要过于乐观积极，尤其是不要在病魔的牺牲品和错误的快乐二者之间徘徊不定，应该学会控制自己的情绪。我对他们讲，我也曾经备受癌症、化疗和骨髓移植的折磨。每个人都要经历病痛，有时候只是命运的安排，轮到我们承受了。我教他们学会理解那些看起来拥有健康和好运的人，因为他们也有经受折磨、痊愈，再重新成为一个完整的人的机会——上天是公平的，因此我的朋友学会了谨慎和公正地对待每个人。

最后，我会告诉他们这样的一个好消息，所有这些行为的作用都已经被 PNI 的研究所证实了，那就是这些行为能够极大地增强人们自身的免疫能力。因此，他们能够很快痊愈。当谈到美德的价值时，我告诉他们，PNI 的研究表明："你对人们所做的一切同样会作用于你自己的免疫系统”，这是快乐生活永远不变的黄金法则。

如果你的美德快乐测试的分数比你预料的要低的话，记得要用美德快乐的方法解决这个问题。也就是说，你需要努力地去做一些事情。这些事情包括：努力将快乐带给他人；培养自己永远也不放弃的信念；要正确地评估自己的能力，不要对自己的要求过高；要保持一种谦虚的态度。记住，你的美德快乐的潜力和其他人一样有限，对自己要公平些，要认识到每次你做这个测试（或者这本书中的其他测试）的时候，你只是衡量了一下你在某个时间点上的精神状态，你还有许多改善的机会。

同时也要认识到，你所进行的每一次小的改善和提高都会给你的精神和身体带来无可限量的益处。一位觉得自己在这个测试中所得分数太低的智者曾经对我说过：“你的混乱状况并不意味着你将美德抛弃了。你停下来，深深地呼吸一下，喘口气，对自己和先辈们承诺，你会更加努力，但不要过于强求自己。如果你没有这么做的话，你从生活中得到的快乐也会大大减少，因为你对自己没有足够的耐心。”

下面，你可以写出自己关于美德快乐的想法。下面的问题能够帮助你集中注意力，帮助你思考自己应该怎样做才能将真正的美德带入生活当中去。

1. 描述一下你所经历的最严重的那次病痛的情况，如地点、时间和你当时的感觉。不仅仅包括肉体上的感觉，还包括精神上和心灵上的感觉。

2. 描述一下，你觉得在当时情况下你带给其他人的感觉是什么。

3. 当你生病的时候，你从自己身上学到了什么？

4. 既然你现在感觉不错，既然你已经学到了关于美德快乐的许多东西，那么，你认为为了增强你痊愈的能力，你将会做一些怎样与众不同的事情?

5. 以你所学到的关于美德快乐的知识，你将会怎样帮助你生病的朋友或者家人?

第九章　快乐的情商测试

五种达到情商快乐的方式

快乐的情商测试

对测试分数的解释

“敞开胸怀，它会更加宽广。”

作家丹尼尔在他的《情商》一书中，将智力与敏感力、节制力和对环境的适应能力做了区分。他说：“将深思熟虑带入我们的情绪中，不让自己屈从于困难和险阻，做好应付一切的准备，保持大脑对行为的低的反应能力，所有的这一切都是在我们这个世界上生存所必需的条件。如果我们成为不停战斗着的低本能的俘虏的话，生活就成了一场战争，人人都在自我保护，而不是一起分享快乐。”

情感上的智力就是某人对自己、对别人情感上的影响程度。但是我们一定要让自己平静下来，并且能够认识到人或事都不能激怒自己，要能够给自己作出选择的机会，选择自己的感受。情感上的智力意味着在感情上“与它在一起”，而不是逃离它的影响。

是否能够承认、理解和处理自己与他人的感情，是衡量感情生活平衡程度的一个很重要的因素。当我们盲目地反应而不是理性地控制的话，我们和其他人的联系就断了，而且一直这样下去的话，最终会带来极大的痛苦。充满感情的文化意味着对于他人的感觉我们能够读懂并作出合理的反应，能够使我们与他人分享生活的快乐而不是花费时间来保护自己。愤怒毫无趣味而言，无论是我们对别人发火，还是对方攻击我们，都不是好事，所以快乐的生活是建立在能够使自己平静下来，认识到我们和其他人的感受的基础上的。保持耐心和对他人的赞同，才能够和他人保持良好的关系。

五种达到情商快乐的方式

在夏威夷，就像我们所发现的那样，单词“平衡”的意思不仅仅是平衡，它也指保持一个低反应、更加安静、少冲动的生活。要保持顺其自然的状态，做到随遇而安地生活中的人们不仅仅拥有一个平衡的生活，而且也在努力帮助别人、社区和整个世界都生活在平衡的状态中。在大洋思维模式中，心理的、精神的和身体上的健康不仅仅是一个人的成就，也是贯穿于生命全过程的帮助世界进入平衡和正确的轨道的一种努力。真正的健康是充满情感智力的生活，同时结合着心灵的正直和对世界的尊重。

在下一页列出了情感智力测试，这个测试的目的是测试情感智力的五个重要组成部分。情感智力的意思是少些过激的反应，也少些对别人感情的依赖。它也意味着对他人的、动物的和（至少在夏威夷是）物体的感觉的敏感和理解。它也指担负起感情上的责任，说“我让自己感到很不舒服”而不是“你使我生气”。在你的感情沸腾和烫伤别人之前，你能够觉察到并控制住它。最后，它也意味着你要抛弃现在所流行的“人若犯我，我必犯人”的观念，在工作中、在家里、在娱乐中实践上面所提到的黄金法则。

快乐的情商测试

分数：

0 = 从来没有

1 = 几乎没有

2 = 偶尔

3 = 有时

4 = 经常

5 = 总是

你能控制住自己的感情吗？

______你有足够的耐心控制住自己不轻易发怒吗？

______在冲突过后，你能快速使自己平静下来，而不是冥思苦想或者找个地方发泄自己的愤怒吗？

______你是否认识到，不管事情多么糟糕，它们都会好转？不管事情多么好，它们也很容易变得糟糕？

______其他人是否说你在工作、感情和娱乐中都能保持冷静的头脑？

你是否能够自由地融合呢?

______你是否和生活保持着足够的联系，能够认识到你所说和所做的每一件事情都会对他人产生感情上的影响?

______其他人是否认为你能够准确感觉到他们的感受?

______其他人是否认为你是一个很敏感的人? 你不想伤害任何人的感情，即使是那些你认为本该受到惩罚的人?

______孩子、动物和陌生人是否能够很轻松地和你打成一片呢?

你是否承担起了感情的责任呢?

______不管事情如何糟糕，你是否都能够避免冲突的发生呢? 判断一下你到底是在避免冲突还是在保护你自己的地盘?

______其他人是否认为你不轻易发怒，非常好相处?

______在意见不一致的时候，你是否能够避免说“她让我非常生气”和“看看你都对我做了些什么”等类似的话语?

______其他人是否认为你并不是一个能够使他们生气的人? 你会慢慢等待，让自己的怒气慢慢消失吗?

你了解自己的感情吗?

______其他人是否认为你是一个很谦虚的人，能够清楚地认识到自己的感情会给别人带来的影响?

______其他人是否认为你能够很好地控制住自己的感情?

______在你的生活中，和你关系很亲密的人是否认为你能够很好地调节自身的感受，并且轻松地表达自己的感觉?

______其他人是否能够很轻易地接近你，告诉你他们的感受，而不必担心这样会使你感到不舒服甚至生气?

你会公开地表达你的同情心吗?

______其他人是否认为你很善良，不仅仅能和他人产生共鸣（承认他人的感情），而且还不加评判地接受他们的感情?

______其他人是否认为你能够抑制住对他人的感觉而公正地进行评判?

______你生活中最亲密的人是否认为你能够酣畅淋漓地谈论自己的感受，而不是急于去做些事情或者解决问题?

______思考一下你自己的感情天性。你是否感觉到你每天的生活都非常舒服、自由和安全?

总分：__________

怒气简介

人类是最容易生气的动物，而且怒气是我们最古老的情感。怒气的最大危害是传达某种短暂的胜利情绪，这种情绪具有巨大的诱惑力，并且怒气会让一个人奋力地保护自己的地盘。

敌意使我们陷入了疾病的风险当中，使我们丧失了快乐。敌意的含义是恐怖的，不友好的，对抗的。夏威夷人将敌意称为“paio”，意思是思维、感觉和行为方式没有给任何人带来快乐，“paio”是由精神、感情和身体上的怒气组成的。

敌意是愤世嫉俗、怒气和侵略的危险组合。它包括不信任的态度、不安的防卫性的感情状态，以及通过语言和行为表现出来的带有侵略性的思想和感觉。简而言之，敌意就是你对他人对你所犯错误的报复。

对测试分数的解释

90－100　情感智力非常优秀（智者在这个测试中的平均分数是92分）

80－89　轻微的情感智力缺陷

其他人觉得你有点儿难相处。

70－79　严重的情感智力缺陷

如果让你跟别人分享快乐的话，你会觉得非常困难。

70以下　情感智力障碍

你使许多人的生活都非常不快乐。

我们生存在这个世界上最大的危险或许就是情感智力的缺乏。西方世界相信情感是条件反射和随意的。但是大洋式的生活观念却认为所有的情感都是具有选择性的。夏威夷人很少说"我不能控制自己"或者"看看你对我所做的一切吧"。相反，他们会说"我使自己感觉很不好"或者"看看我把自己搞得多么糟"。夏威夷人知道，当我们感到生气的时候，我们就已经种下了愤怒的种子。我们并不是我们感情不幸的受害者，而是种下感情种子的收获者。因为夏威夷人非常相信这样一个概念——种瓜得瓜，种豆得豆。所以，在他们的生活中他们能够享受到更多的快乐。

你可以在下面的空白处记下你在情感智力方面的进步和想法。

第十章　为健康快乐制定菜单

十五个健康快乐的基础

快乐检查表

快乐基础的补充

十五个健康快乐的基础

当你将智慧、美德和情感智力与“你好”的五个元素结合在一起的时候，你会得到十五个要素组成的“快乐基础”。你可以将这十五个快乐基础应用到你的感情、工作、娱乐和痊愈的过程当中去。

请用下面的“快乐检查表”来检验一下你快乐处方中的智慧、美德、情感智力的平衡状况。

快乐检查表

Ahonui：耐心，坚忍不拔

1. ________智慧：我能够冷静地处理事情吗？我会抽出时间倾听来自我灵魂深处的信息，而不是向很多人所追求的个人成功屈服吗？

2. ________美德：我是坚毅的典范吗？能够不对冷嘲热讽屈服吗？是否认识到了不幸是成长的催化剂呢？

3. ________情感智力（即情商）：我是否保持着沉着的心态，而没有让我的感情控制住自己？

Lokahi：和谐，团结，协同合作

4. ________智慧：对事情的来龙去脉我是否保持着敏感呢？我是否明白现在只是时间的1/3——认识到每一时刻都包含着过去、现在和将来呢？

5. ________美德：在家里、工作中和娱乐上我是否经常表现出同情心呢？是否尽力地将关心和体贴扩展到每个人的身上，而不论他们的身份和地位？

6. ________情感智力：我所有的行为是否与感情保持着协调？我是否记着保持并平衡工作、家庭和娱乐中的所有关系，而且将其作为生活中最重要的事情？

Oluolu：赞同，令人愉快的

7. ________智慧：我是否避免说“他们让我生气”或者“他让我感觉很不舒服”等类似的话语呢？

8. ________美德：我是否记住了要保持节制？是否认识到我经常都是有选择余地的，而不向我的狂热和欲望低头呢？

9. ________情感智力：我是否愿意承担感情上的责任？当我认识到我给他人带来了伤害，我会道歉吗？

Haahaa：谦虚，谦逊

10. ________智慧：我是否认识到并且尊重生活中的不确定，而不是去抱怨、发牢骚、哀号或者喋喋不休地诉苦呢？

11. ________美德：我是否愿意变得很聪明，多听少说？当我知道如果说“是”的话，将会剥夺我和家人在一起的时间的时候，我是否会说“不”？

12. ________情感智力：我是否能够避免将事情私人化？是否能避免将消极的事情看成是我生活中的标志，并且不会认为发生在我身上的糟糕事情是永久的？

Akahai：仁慈，善良，富有同情心

13. ________智慧：我是否坚信每件事情都是相对的，并且能够考虑和接受他人与众不同的价值观念和信仰？

14. ________美德：我是否远离了那些令自己尴尬的最私人的秘密呢？我是否表现得很值得人尊敬、公正诚实？我是否能够让我的祖先和后人感到非常非常骄傲？

15. ________情感智力：我是否是一个非常好的人呢？对于他人我是否表现得真诚、友善、机智、周全和有礼貌呢？

快乐基础的补充

在下面的空白处写下你对快乐基础的补充。在你看完下一部分中的60个快乐处方以后，再重新检查一下你对快乐基础的补充。

快乐处方

在第三部分中，将向你介绍60种使你快乐地爱别人、高兴地工作、开心地娱乐和轻松地痊愈的方法。

在这部分中，你将开始书写快乐处方的开心旅程。在旅程中，你将学会：

快乐地爱别人，包括令人舒畅的纵欲、最大程度地从内心去爱别人，以及学习实现愿望的艺术。

高兴地工作，包括知道什么时候应该放弃、怎样衡量你自身的价值，以及仅仅说“也许”，而不是确定性的言语。

开心地娱乐，包括胡思乱想、参加不计分的游戏，以及尽情地笑，即使你不喜欢这样。

轻松地痊愈，包括记住最美好的时光、写出失去的注意力、以及观察事物的阴暗面。

上面所有的一切都将帮助你写好自己的快乐处方，创造出让你快乐一生的良药。

第十一章　温暖的爱

爱的耐心

智慧的爱

美德的爱

赞同的爱

明智的爱

无私的爱

谦虚的爱

仁慈的爱

付出爱的同时，
也会得到爱的回报。

下面的快乐处方由“ALOHA”的五个基本内容组成。在每一个“你好”原则的描述后面，我将会给出一些简洁的评述。这些评述可以将“你好”原则和智慧、美德、情感智力等相关概念很好地结合起来。

在这本书最后一个章节中，将告诉你怎样运用你所学到的那些处方去写你自己的快乐处方。基于目前情况下你所做过的这些测试，你要确定一个你愿意在生活中实践的“你好”原则，把它作为一个基本原则，然后再设计你自己的行动计划，把那个“你好”原则变为实践行为。

这里有15个让人更愉快地爱别人的快乐处方，每一个都被人们的实践检验过了，这些快乐处方的检验者包括病人、学生、一些组织，以及给自己和周围的人的生活带来更多爱意的人们。

爱的耐心

令人愉快的爱最终要靠我称之为“爱的耐心”的东西来支撑。在爱的耐心里，我们每个人都耐心地去爱别人，我们容忍着彼此的缺点，为爱的成长留出大量的时间，在生活的起起伏伏中努力奋斗，随着浪头上上下下，享受着生活带给我们的爱意和快乐。一个夏威夷智者曾经说过：“你不能种下了芋头后，只是冲着它叫喊，这样对它的成长是毫无用处的。如果你是一个很有耐心的人的话，你就会很乐意地看着它一点点地成长、成熟、结果。”

快乐处方一：寻求永久的爱

每月抽出一定的时间怀着爱去观察这个世界。当你非常关心的某个人因为某本书或者某个电视节目被弄得心烦意乱的时候，仔细观察一下那个人，仔细观察一下他的眼睛、他的嘴、他的头发、他的姿势和他行为的特别之处。

当我们失去了一个和我们关系很密切的人的时候，我们的忏悔之一就是频繁地责怪自己，责怪自己不曾抽出足够的时间去加固那个人在我们脑海里的形象。我一个失去了丈夫的朋友对我说过："我是多么希望他再一次活生生地站在我的面前，而这一次我要真真正正、好好地看看他，把他深深地刻入我的脑子里去。"一位母亲告诉我："我的孩子长得是如此之快，而我们又总是如此繁忙。我只是希望我能够有更多的时间，真正地看着他们慢慢地成长，而且我要和他们一起成长，而不是总在忙于别的事情，忽略了孩子。""怀有爱心地观察"是你牢记那些你想要铭刻于心的人们的方法，请不要错过这个机会。

你可以在下面的空白处记下你对"怀有爱心地观察"的感想。

____

____

____

____

快乐处方二：列一个周六清单

在很多方面，所有的家庭成员都是相互依赖、协调配合的，所有的人一起经历所有的磨难、危机和波折。在发生激烈争执的时候，看起来好像你的整个亲属关系都已不复存在，过去所有的美好时光都被抛在了脑后。"快乐处方二"就是将温暖的爱重新带入你的生活当中去。

不管一个问题何时出现，把它写到星期六清单上。家中的每个人都应该在各自的纸上写下自己对这个问题的看法。把这个清单放在一个非常醒目的地方，比如说家里的冰箱上或者家庭留言板上。我的一些朋友为了能够在周六的时候播放自己的清单，而将周六清单用录音机录了下来。而另一些朋友则把他们的周六清单储存在电脑上或者语音邮件里。每个周六全家人都抽出一定的时间讨论清单上所列的问题，你很可能会发现，很多问题已经解决了，不需要再重复，或者看起来已经不是问题了。经过一段平静的反应期后，那些问题已经变得非常缓和了。

过一段时间，当你再次浏览你的周六清单时，就会发现这样一个事实：你的爱的力量经常能缓和冲突所带来的痛苦。每次新问题出现的时候，记得爱有它自己的坚忍和耐力，如果我们不让自己卷入战斗的话，受伤的心灵是可以在爱的包容和关怀下自动愈合的。周六清单能够让你的亲友关系更加稳固，并且提醒你，很多问题并没有你想象得那样严重。而且亲友关系通常都会比想象得还有适应力。我们所能做的就是慢慢等待。

快乐处方三：尝试一下轻微的节欲

西方文化是一种热烈的文化。人们喜欢那些新的、热烈的、标新立异的、快速的和极端的东西。“快乐处方三”的作用是帮助你冷却一下你的爱，以使你和你的爱人能够给予对方爱的温暖。

每个月都要留出一定的“快乐暂停”时间。利用这段时间来相互拥抱、接触、感觉，以及一起听听音乐。不要说话，不要接触性，以一种缓慢的温柔的方式感觉对方的存在。

记下你在这样的“快乐暂停”中的感受。

____

____

____

____

____

智慧的爱

了解你最亲密的人，让他成为你日常思想和感情的中心部分。

快乐处方四：看到你的整个爱人

画一幅爱人的肖像图，充分描述这个你最亲密的人。这个描述应当是能够满足下面的六个问题，而且每一个问题都应当得到充分的回答。

这个人在他或者她的生活中考虑最多的是什么？

在日复一日的生活中，这个人的感觉是什么？

当这个人独处的时候，他或者她的消遣是什么？

他或者她最大的愿望是什么？

他或者她最担心的是什么？

在他或者她成为这样的一个人的过程中，你是怎样帮助他（她）的？

将这幅爱人的肖像图转化成信的形式，将它寄给那个你所关心的人，并且问他或者她你对上面问题的回答是否正确。这样做能够帮助你将你的爱人变成一个更加完美的人。它也能够帮助你所爱的人考虑一下他或者她在你心目中的形象，从而能够加以“更正”，变得更加完美。

美德的爱

向完全陌生的人传递你的关心和爱能够增强你爱的能力。

快乐处方五：给予陌生人以爱

现代文化讲求非常浪漫的爱，以至于我们将爱的概念仅仅局限在“只爱一个人”和“家庭第一”上面。但是健康的快乐要求的是和周围的每个人、每件事情的深深联系。第五个快乐处方能够帮助你扩展和增强你的同情心，这样的结果不仅仅是能创造一个更加美好的世界，而且从你那不断成长和扩展的同情心中，你和你的家人都会感受到深深的爱意。

在你工作之外的时间里，每个星期要抽出一些时间，真正地帮助那些需要帮助的陌生人，而不要求任何回报。给予陌生人以同情不仅仅是一个美德的问题，也增强了你自己爱的力量，让你更加充满爱意，而且对你的免疫系统也是非常有益的。你可以在下面记下你的经历或者写下关于给予陌生人以爱的好的方式。

____

快乐处方六：记录感情档案

活着的令人非常快乐的一点，是不仅仅能够感觉到一系列的感情，更重要的是能够感觉到他人的感受。下面的处方就是用来增强你爱的同情心。

每天记录下和你关系最亲近的人给你带来的情感上的感受。与单纯记录自己行为的日记不同，记录感情日记是每天记录下那些对自己感受影响最大的人的感觉。你可以从下面的空白处开始你的感情日记，但是慢慢地你就会觉得你需要一个专门的笔记本来记录你的感情档案。

赞同的爱

关于快乐的爱经常被忽略的一个方面，就是对那些自己很在意的人的礼貌问题。当我们的行为和说话的方式表现得非常有礼貌和充满爱心时，我们就可以渐渐地感觉到更多的爱。爱不仅仅是情感上的问题，它也是一个行为礼貌的问题。心理学家已经告诉过我们，当涉及爱的时候，我们是以我们的行为来感觉爱的。行为充满爱意的人能够让他人也让自己感受到更多的爱意。

在爱中感受快乐，你要表现出爱的礼节来，要记得说“请”、“谢谢”和“对不起”。在陌生人面前，我们经常将我们最好的礼貌隐藏起来，而对于我们的家人和亲密同伴，我们却是毫不吝啬。

成为一个快乐的人和成为一个热情的人同样重要。

明智的爱

> 让人感动的明智的爱：同情能够激发爱意和鼓舞他人。

快乐处方七：做个好人

通过研究，已经证明了谚语“好人不长命”的不正确性。数据清楚地显示，在通向死亡的赛跑中，好人更能坚持到最后。不管有多少相互矛盾的结论，也不管别人怎么说，“做个好人”是一件非常简单但很重要的事情。只有这样做，你才能拥有一生的爱。接下来的快乐处方将帮助你建立起自己的好人观。

用录音机录下一次家庭聚餐或者婚宴。数一下在这一餐中礼貌言辞的数量。在席间，你听到了多少次“请”、“谢谢”、“做得很好”、“你工作很棒”、“我非常喜欢吃”、“你做得真好”等礼貌用语?

研究表明，一个人的礼貌用语和他的批评言辞之间的比例至少应该是五比一。如果结果显示你的比例非常糟糕的话，请快来提高你的“好人比例”。

对礼节和礼貌要保持敏感，对于陌生人我们也应该很有礼貌，不要忽略我们的礼节，要时刻注意。

无私的爱

如果你不能首先学会爱别人的话，那么你也不会爱你自己。

快乐处方八：把内心的爱传播到四方

现代世界流行的心理观点中最具破坏性的一个观点就是：“在你爱其他人之前，你必须要先爱自己。”然而，大洋式的快乐教给我们的却是，爱是一种由外到内，而不是由内到外的过程。对自己的父母、兄弟姐妹和朋友充满爱意的行为能让你成为一个充满爱意的和令人喜爱的人。一个人不能仅仅学会怎样爱自己，这是远远不够的。如果只爱自己的话，我们的亲朋好友的圈子会越来越小，和他们的关系会越来越疏远，最后的结果是我们爱的能力完全消失。“快乐处方八”将教会你如何像爱自己那样去爱他人。

列出你的大家族中的所有成员，并开始和他们恢复联系。从中挑选一位阿姨或者叔叔或者任何一个你很久没有联系的人，从现在开始和他恢复联络，寄些小礼物，打个电话，或者登门拜访一下。你会选择谁来实践上面的行动呢？你将会怎样做呢？(在下面写出你的想法)

____

____

____

____

____

____

快乐处方九：安排一个“周一支持会议”

我们有自身感情的最终控制权。当我们将感情的控制权交与他人的时候，我们也就从自己身上抢走了快乐的权利。这个快乐处方就是帮助你变得更为理智一些。

周一可能是一周中压力最大的一天，研究者们称其为“黑色星期一”，因为周一早上突然的死亡事件的发生率要高于任何其他时间。计划一下在工作中或者家里举行“周一支持会议”。在这样的一个会议上，拿出时间来找出其他人此刻的感受。在一周开始之前，解决一下存在的冲突和讨论一下面临的问题。这是实践“明智的关心”的一种很好的方式。安排一个“周一支持会议”，在下面记下你的亲身感受。

谦虚的爱

我们爱别人并不是因为他们爱我们，而是因为他们就是我们自己。最先进的量子物理学也已经证明了，所有的阻碍都是人们的幻想。我们所有的人都是相互联系着的，共同分享着生活中同样的能量，是上亿个智慧的大脑组成的一个真正的整体。健康和快乐的爱是我们共同的感受，虽然个体的感受也许会有很大的不同。

从这个真相中得出的一个结论就是，令人愉快的合作者就是那些能够正确认识到团队中其他人的需要的人。一个良好的关系是自然而然产生的，而不是在合作者的推动下强迫建立起来的。弄清楚对于你所爱的人来说什么是最重要的，这对于你来说也非常重要。要记住好的关系是建立在拥有爱的基础上的。如果只是不断地寻找所谓正确的合作者，是不可能建立良好的关系的。

快乐处方十：练习不确定你自己

现代文明教育我们要自信，或者要以行动来证明我们自己的能力，我们就是别人所需要的人。但是，令人快乐的爱是能够很自然地接受我们自身的缺陷以及周围人的缺陷。当爱因斯坦的相对论问世后，人们认识到世界上任何事物都不是它们看起来的那个样子，任何事物都不是我们所希望的那样的确定。

当我们肯定自己时，我们会使自己远离他人，因为他们感觉到了我们的傲慢，同时我们也被他们不确信的态度弄得很不舒服。少些自负，少为自己考虑，多在关系的确定性和持久性上下工夫。这第十个快乐处方将会帮助你少些自负。

列出生活中三个主要的问题——你是怎样想的？你是怎样感觉的？你是怎样做的？下一步，列出每一方面你自己最大的缺点或者弱点是什么。然后，找些你所爱的人，一起来讨论一下。这次，列出你的同伴的勇气和弱点，也让他们列出你的勇气和缺点。对这些列表进行讨论，你将会发现正是非常理性的自信导致了你的弱点，也就是说理性的自信在给你带来勇气的同时，也给你带来了负面的影响。你可以在下面空白处写下你列表中的内容。

____

____

____

____

____

____

你有两只耳朵，却只有一张嘴，在你说一次的时候，要听两次。

快乐处方十一：避免破坏性的谣言

就像你在这本书中所学到的一样，古老的波利尼西亚思想相信不好的语言有着很坏的作用。快乐的生活是建立在从不发出消极能量的基础之上的，所谓的消极能量就是“传播坏消息”。谣言的影响最后也会返回到传播者的身上。这第十一个快乐处方就是帮助你避免传播消极的谣言，最终导致刺痛你自己。

在交流中，你要决心按照下面的原则去做：多听，少说。在一周中抽出一天的时间真正努力地去听，而不是说。要避免插入别人的话中，打断他们的谈话。在问题还没有完全显现出来的时候，不要擅自发表评论，传播谣言，或者在背后说别人的闲话。

快乐处方十二：为祝福欢呼

紧张的生活使得我们经常会失去对情绪的控制，任由情绪随意发泄，甚至被我们的情绪所控制。我们被紧张的日程安排牢牢拴住，以至于我们经常对他人的行为作出反射性的反应，而不是尝试表达我们真实的感情。尝试一下这个快乐处方，平静一下你那发狂的紧绷的神经。

每次电话铃声响起的时候，衡量一下你的情绪状态。在你回电话之前，问问自己：“我现在的感觉怎样?”考虑一下，你的情绪究竟是目前状态的真实反应还是形式化的反应。问一下自己是否正在期待电话能给你一个好消息。要时刻记住这样的一个事实，那就是你是在感觉而不是做。这样的话，能够帮助你重新掌握自己的感情生活。从现在开始就实践这个快乐处方吧！会发生什么样的事情呢？

仁慈的爱

快乐的爱是充满同情心的。

找一段安静的时间，大家坐在一起，不要说话，不要做任何事情，不要担心，也不要打算做什么事情，所有的这些对于快乐的爱来说都是非常重要的。

快乐处方十三：学习写出别人的希望

在以自我为中心的现代社会里，我们经常假设自己的方式就是正确的方式。我们错过了这个世界上其他人所经历的多种多样的快乐。

列出你所爱的人的三个重要希望。想一想你的爱人或者你的家人对于这个世界的看法，列出他们在生活中最希望实现的三件事情。这些希望和你自己的相比会怎样呢？最后，也是最重要的，就是思考一下如何将这些希望通过你的努力变成现实，因为他们是你生活中非常重要的人。你可以在下面的空白处写下你的感想。

快乐处方十四：偿还你的感情“债务”

我们中的许多人都有没有偿还的感情“债务”。我们非常幸运地从生活中得到了一些不用努力就能获得的益处。这些益处实际上都是其他人所赠与我们的礼物。

首先，快乐暂停一下。然后写下你所经历的生活中最大的五个“转折点”。思考一下这五个“转折点”的真正来源——他人的爱在这些转折中发挥了怎样的作用。下一步，写下你在将来偿还这些感情“债务”的五种方法。请好好考虑一下，而不仅仅是列出列表而已，这些东西在实践快乐处方的过程中非常重要。

快乐处方十五：帮助地球

心理学强调心意相通和感受他人感觉的重要性。你已经学过，心意相通对于快乐的生活来讲实际上是一种非常重要的技术。这个快乐处方可以帮助你发现共鸣的快乐，不仅仅是和人的共鸣，也包括和地点、和事情的共鸣。这个古老的夏威夷原则要求你开放心怀，帮助地球母亲做些事情。

植物、石头、水和其他自然界物质所释放出来的感情信息非常微妙，但是夏威夷人能够感觉得到，你也能。在室外安静的环境中坐下来，将鲜花的香味或者绿树散发出来的淡淡清香融入到你的神经当中去。不要仅仅去看、去听、去感觉、去闻，而是应该打开你的心扉，激活你的“第七感”，感受它向你传播的快乐。如果你尝试了，你就会发现你爱的能力大大增强了。随后，记下你所感受到的一切。

第十二章　十五个快乐工作的处方

智慧地工作

耐心地工作

和谐地工作

愉快地工作

“卑微”地工作

爆发前闻一下烟的味道

温柔地工作

工作和快乐能够统一起来吗？是的，它们可以。下面的15个快乐处方能够将快乐、满足和意义带入你的工作。

智慧地工作

对很多人而言，工作是一个人必须忍耐的巨大痛苦。工作经常被看做是一个人为了生存必须去做的一件事情，工作和痛苦被认为是紧紧相连的。

为了从工作中得到快乐，我们必须要认识到，我们就是我们的工作。将快乐从工作中抢走的“强盗”之一就是那种感觉，即太忙了以至于不能享受我们正在做的事情或者忘记了我们为什么要去做。

为了智慧地工作，请在工作中抽出一点儿时间来思考一下，你工作的最终目的是否让其他人的生活变得更加轻松。

快乐处方十六：看到挑战

在下面空白处，写下你对自己工作的描述。在描述中，要着重介绍下面几种情况：

1. 你工作的哪些方面给地球母亲带来了积极的结果？

2. 你工作中的哪一方面为他人的生活带来了更多的快乐？

3. 你日常工作中的哪些活动给你带来了巨大的快乐？

考虑一下你工作中的真正挑战会帮助你奔向工作，而不是工作奔向你。

耐心地工作

不要让消极的因素进入你的工作，抢走你工作中的快乐。

快乐处方十七：记录你工作的历史

列出你所从事的每一件工作，一直追溯到你的童年时代。列举每个工作中的有趣部分，然后写出这些工作中包含的消极方面。将以前的工作中的快乐和不快乐与你现在的工作对比一下，你会发现每个简单的工作都有它的成本和收益。你一定要对工作有足够的耐心，这样你才能够做好一件工作。即使你在从事一个特定的工作时遇到了困难，你也要坚持，以达到最终目的。

____

____

____

____

____

____

____

快乐处方十八：知道什么时候应该放弃

保持工作中对感情的控制，对于你的健康快乐以及和同事保持良好关系来说，是至关重要的。这种控制并不是意味着让自己的感情一直处于控制之下，而是意味着能够拥有足够的感情上的智慧，从而知道什么时候对于一个问题的解决你是无能为力的。记住，工作中最大的压力是：你有许多的责任，但是感觉力量太小，也就是心有余而力不足的感觉。你不必为自己设置过多的责任，你可以通过了解何时应该放弃来增强自己快乐的能力，就像夏威夷人说的那样，“顺其自然”。试一下这个处方，在下面记下你的经历。

和谐地工作

有一次，一个美国记者问爱因斯坦关于他成功的秘诀。他回答："早在1901年，我还是22岁的青年时，我已经发现了成功的公式。我可以把这公式的秘密告诉你，那就是A＝X＋Y＋Z！A就是成功，X就是努力工作，Y是懂得休息，Z是少说废话！"然而，只是"努力工作"还不够，还应将快乐带入工作中。为了将快乐带入工作，我们必须学会享受和其他人一起工作，并且帮助他们享受和我们一起工作的乐趣。快乐的工作需要交流，也需要关心一下你的工作带给社会的影响，并且要尽力帮助你的同事将事情变得更加容易。

工作意味着面对不同的事情和不同的人。即使人们做的是相同的工作，他们对待工作的态度也是不同的。

快乐处方十九：做交叉工作访问

只要有机会，就要和与你职业不同的人坐下来好好聊聊。可能的话，选出一些工作处于危险边缘的人甚至那些已经失业的人。要对他人的困难负起责任来，尽全力帮助他们。问问你的下属对工作的感觉如何，但要注意不要卷入到闲话的危险当中去或者是对工作中的问题不停抱怨。要学会感觉他人的感觉，学会从中找到重点，然后告诉你的被访者你对他的关心并以下次谈话的邀请作为这次谈话的结束。那么在这次谈话中，你注意到了什么呢？

____

____

____

____

____

____

快乐处方二十：衡量你的原则

花一些时间来确认哪一个原则是你在工作中永不会妥协的，即使坚持它会令你蒙受经济损失。或许许多原则都很重要，但你只能确定一个。请将它醒目地写在明信片或卡片上，放在你工作的地方，并在下方写上为何它对你如此重要。

快乐处方二十一：工作回顾

工作可以与家庭生活很好地结合，最好拿出一段单独的时间与家人谈论工作问题。工作回顾时间应当适当，并把时间写在下面。不要在晚饭前或吃饭时讨论，晚饭后较好。谈论工作时不要做别的事，别洗碗或看电视。请将讨论的内容写在下面。

愉快地工作

> 永远做能力要求适当的工作。避免为“买”休闲时间而拼命工作。

警惕我前边所讲的西绪福斯综合征——毫无欢乐的、不断重复的努力必然会导致疲乏和失望。当工作变成日复一日推同一块石头或爬同一个山坡时，所有的乐趣都不复存在，所有的乐趣都将离你远去。下面三个处方能帮助你在工作中保持愉快的心情。

快乐处方二十二：做一张“惊奇工作”表

在下面写出三种办法来使你的工作与以往不一样。尝试不同的工作场所、不同的音乐，或是改变作息时间，比如周末工作，或者工作日放假一天。问问你自己，到底是什么使工作成为一种爱好而不是职业。

快乐处方二十三：尝试调整自己的工作效率

假如你日夜赶工，竭尽所能，你就会处于体力与心理极限的边缘。集中精力的时间平均不能超过30分钟。30分钟后，效率将大幅下降。将工作尽可能切割成小块，让自己有规律地休息。在空白处写下一个调整计划。

快乐处方二十四：不要骂出口，而要写下来

研究表明，写下你的愤怒比说出来更能令你平静下来。做一本工作生气日志，当你重新阅读时，注意下述三条：

1. 确定哪些关于人与事的想法常使你发脾气。记住你无法改变别人，只能改变自己。

2. 记下产生那些思想之后的感觉。愤怒的感觉来源于愤世嫉俗的思想。

3. 描述你是怎样表达愤怒的。你是否摔门、诅咒，或是传播谣言？

记住这三条，可以避免过激的行为。

“卑微”地工作

你不能什么都自己做。密歇根大学的舍曼博士称之为“约翰·亨利主义”。其特征是无乐趣、压力大，从而导致健康状况差。约翰·亨利是一位美国的民间英雄，他试图用铁锤和气压钻比赛凿洞。亨利最后赢得了胜利，但是却累死了。他证明了自己，却付出了生命的代价。

> 别确信你能够做任何事，即使你已下定决心。

快乐处方二十五：做一个“不能做”表格

虽然心理学认为“能做”可以增强一个人的自信，但现实生活要求我们明白，有些事情你永远做不到，尽管你很想做并且很努力。在下面空白处列出那些你不能或不必做的事情。

____

____

____

____

____

快乐处方二十六：只说“也许”

与目前流行的“尽量去做”理念相反，快乐工作要求通过表达“也许”来尊重你的极限。在卡片上写个大大的“也许”，放在电话机旁提醒自己将要做的事情会使自己更忙碌。你还有其他说“也许”的好办法，从而使生活变简单吗？你可以在下面记下来。

____

____

____

____

____

爆发前闻一下烟的味道

快乐处方二十七：检查“火情隐患”

要想阻止自己发火，就应当时刻警惕发火前的信号。把下面的“十种紧张工作的表现”写在纸上，然后放在你的旁边。如果已出现三项以上，请放松一下。

十种紧张工作的表现：

1. 发生从没发生过的愚蠢的错误；
2. 出现头痛、后背痛、肠胃痛等征兆；
3. 感觉自己易怒；
4. 经常感觉困倦；
5. 当付出的比得到的多时，感觉异常恼怒；

6. 感觉自己担负了太多的责任；

7. 觉得其他人没有做他们的分内之事；

8. 常常挖苦别人；

9. 威胁着要离开；

10. 时常对着机器发火。

温柔地工作

历史上，工作往往意味着受苦。近年来，人们已试着让工作成为快乐生活的一部分。温柔而快乐地工作已取代辛苦工作成为人们的目标。人们正在试图把爱好和职业联系起来，温柔地工作正是快乐工作的关键所在。

快乐处方二十八：检查“工作颚”

当你开始感觉到工作压力时，将一支软木铅笔放到上下牙齿间。过一会儿，看看上面是否有牙齿印。如果布满牙印，你就会知道工作的压力不仅传到你的下颚，而且已经遍布全身。请把“压力笔”放在身边提醒自己要放松。

快乐处方二十九：不要只做你的工作

如果别人没有完成工作，你自己即使完成工作也不会感到过多的欣喜。当人们在工作中越来越独自作战时，医学研究表明与人交流才能有益健康。工作时尽量多地帮助他人，将工作看成是大家的。如果你拿出一点儿时间早来晚归，帮助同事，你将从中感受莫大的快乐。

快乐处方三十：从情感上作好准备

写一本工作日记，记录工作中感情高潮和低潮的轨迹。通过日记寻找一天中何时是感情高潮期或低潮期。选择高潮时做难度大的工作。你可以在下面做一些记录。

____

____

____

____

____

____

十种紧张工作的表现

1. 发生从没发生过的愚蠢的错误；
2. 出现头痛、后背痛、肠胃痛等征兆；
3. 感觉自己易怒；
4. 经常感觉困倦；
5. 当付出的比得到的多时，感觉异常恼怒；
6. 感觉自己担负了太多的责任；
7. 觉得其他人没有做他们的分内之事；
8. 常常挖苦别人；
9. 威胁着要离开；
10. 时常对着机器发火。

第十三章　十五个健康娱乐的快乐处方

耐心地玩

智慧地娱乐

充满美德地娱乐

高情商地娱乐

快乐地游戏

谦逊地娱乐

温柔地娱乐

在很多人的头脑中，娱乐就等于快乐。但是我们从娱乐中真正获得了多大程度的快乐呢？太多时候，我们将娱乐变成了充满竞争、需要付出大量体力和智力的艰苦劳动。我们人为地将娱乐和生活隔离开来，把它们看做是只有在周末和假期才会进行的活动而已。下面就是送给你的“除害剂”——15个非常有效的快乐处方，它们能够帮助你获得更多的快乐，给你带来真正快乐的娱乐方式。

耐心地玩

与生产是以目标为导向的活动相比，娱乐本身是一个以过程为导向的活动。健康的娱乐要求你时刻牢记，如果我们真正喜欢的是我们正在进行的娱乐行为本身的话，那么娱乐的最后结果就不那么重要了。

研究者们对娱乐的定义是：不同于一般活动的行为，不是严肃的，表达的是一种自由、让人完全融入和参与的活动。娱乐能够让你完全地融入其中，而忘记了现实生活，不愿意从娱乐中返回。娱乐是健康的快乐的最纯正表达，但是其中许多健康和快乐的益处正在慢慢消失，因为我们正在用日常生活中急躁而粗暴的方式来急速解决娱乐中遇到的问题。健康的娱乐要求的是你有足够的耐心抽出大量的时间来放松玩耍，你要将娱乐变为你生活中稳定的一部分，而不只是对现实生活的暂时逃避。

智慧地娱乐

> 在娱乐中不必对“去做什么”想得太多，而是要好好地享受娱乐的那种感觉。

快乐处方三十一：胡思乱想

写出你所能想象到的古怪的、特别的、不可思议的、不能说出口的那些句子或者词语。只要开始写就可以了，不检查写了什么。为了帮助你，下面给你提供了一些能引起你胡思乱想的提示。

如果汽车会飞的话，我会……

如果男人能生小孩的话，男人就会学会……

如果一年中只允许一晚的性爱，那么人们会……

如果我的模样能像我所希望的那样的话，我希望我像……

如果男人和男人结婚，女人和女人结婚，那么婚姻将会……

现在思考一下你自己的胡思乱想。

充满美德地娱乐

> 快乐的游戏需要忘我地庆祝。

快乐处方三十二：做一个喜欢搞恶作剧的捣蛋鬼

夏威夷神话和许多其他土著人的神话都是以快乐和恶作剧为基调的。下一次你在打网球、高尔夫球，或者做其他竞争性运动的时候，可以试着开些小玩笑，搞些恶作剧，让你的对手相信他赢了比赛。可以在刚开始的时候将比赛气氛弄得很紧张，然后输掉，从而不让你的对手知道你是故意输掉比赛的。它可能需要一些技巧，你可以慢慢地学会成为一个高兴的失败者，而且应该为你能帮助你的对手感觉良好而感到无比自豪。千万不要告诉对手你所做的一切，那样的话，你所做的一切努力都会毁于一旦。这个处方的目的是制造快乐的恶作剧，而不是意味着你操纵着一切。当你尝试着成为一个恶作剧制造者的时候，在下面的空白处写下你当时的感受，还可以写下你认为能够达到同样效果的其他恶作剧的方式。

高情商地娱乐

> **从娱乐本身来说，它的目的就是制造快乐。不要将快乐从娱乐中赶跑。**

快乐处方三十三：不要将娱乐看得太重

当我们在游戏中没有发挥好时，我们经常会对自己非常生气或者没有耐心。如果是这样的话，那我们就失去了在娱乐中所应该能够得到的快乐。做一下快乐暂停，在下面的空白处写下你所能记起的在你们玩乐的时候，因为你生气而破坏了快乐气氛的情况。请将它经常放在手边，在你下次玩的时候看一下，作为一个警示。

____

____

____

____

____

____

游戏和运动中的竞争性因素已经越来越多。健康的、快乐的娱乐是建立在合作和分享的基础之上。将一个球拍过来，拍过去，并不是要努力地去赢取分数。如果一个人在游戏中胜出了，那么他其实是失败的，因为他让别人感觉到自己是个失败者。

随着电脑游戏（经常是一个人玩而不是大家一起玩）的出现和社会对个人能力越来越多的重视，娱乐中快乐和健康的益处正在慢慢消失。请重新学习一下那些古老的游戏，从中发掘出智慧和快乐，这是上天赐予我们的礼物。

快乐处方三十四：棋牌类游戏并不令人厌烦

拿出你那古老的已经布满灰尘的棋板，抽出你平时看电视和玩电脑的时间，将家人召集到一起，作为一个整体来玩这种古老而简单的游戏。如果不把竞争性的因素带入游戏当中的话，与现代电子类游戏相比，这些棋牌游戏有着自己缓慢、安静、放松的独特魅力。它们教会人们的是团队的合作精神、相互的融入和帮助，以及计划性。在你的棋牌类游戏当中，你发现了什么呢？在下面记下你在这些游戏中的感想。

健康的娱乐是分享的娱乐。自豪地展示一下你是如何在娱乐中分享快乐的吧。

快乐处方三十五：举行你自己的家庭艺术展览

父母要经常展示孩子的画作。做一次快乐暂停，画些关于家庭的油画和壁画，然后展示每个人的作品。在你的厨房或者地下室中腾出一面墙壁来展示每位家庭成员的绘画作品。

快乐处方三十六：扮演游戏中的角色

娱乐一个很大的好处就是你可以尝试各种各样的活动与角色。做一个游戏的玩家，而不是队长，不要试图按自己的意志去领导众人。如果你真的玩得非常好的话，那么你可以退出来，让其他人也参与进来，一起享受娱乐的快乐。你可以在下面的空白处写下那些令你非常快乐的娱乐经历。

____

____

____

____

____

快乐地游戏

如果我们能够将娱乐看成是一种放松活动的话，它就会慢慢发展为一种充满挑战、增长经历、自由享受、意气相投、发自本能的一种活动，而且不会伤害到任何人。要时刻牢记：它只是一个游戏而已。

如果你在游戏中经常赢的话，那么你就使很多人都成了失败者。

快乐处方三十七：停止把生活变成竞赛

做一次快乐暂停，问自己这个问题：“我的生活是一系列竞赛吗?”（你可以在下面写下你的答案）

我们的生活不应该是一场无休止的竞赛，开始于可恶的闹铃声，结束于对睡眠的屈服。让你的生活由一系列的庆祝会组成，不要把它变成没完没了的竞赛。

快乐处方三十八：每天设计一个笨的主题

不要仅仅为自己寻求快乐，要学会为自己创造快乐。

在每天结束的时候，和你的家人或者同事坐在一起，写下简短的、言过其辞的、愚蠢的能够描述你这一天生活的主题。“在他生命的最后，人们发现了死亡”就是一个首席执行官写下的典型的例子。他的妻子写道：“女人把每件事情都做好了，死亡也是。”一定要学会在你充满压力的生活中创造快乐。请在下面写下你的一些愚蠢的主题。

____

____

____

____

____

____

快乐处方三十九：加入愤怒者的队伍

如果当你玩耍的时候你生气了，那就在生气的时候玩。

我们中的许多人在娱乐中玩得很糟糕，因为他们把紧张和竞争带入了游戏当中。让你的家人展示一下你是如何发怒的，让他们重新表演一下你是怎样在一项活动中丢失了你的快乐。从中你学习到了什么？

____

____

____

谦逊地娱乐

许多现代运动已经丢失了“团队”这个概念，甚至是当两个队伍比赛的时候，每个人也都想成为比赛中的明星，想从其他人中脱颖而出。谦虚意味着不要贪婪、炫耀，或者在最后阶段忘形地跳舞。当你炫耀的时候，你就把其他人和你分离开来了，同时你也失去了快乐，快乐走向了他们，而不是你。

快乐处方四十：不要在意分数

我们生活在一个以结果为导向的社会中，但是智慧的练习要求的是以快乐为导向的游戏。

打高尔夫，打网球，玩任何一个你喜欢的游戏，但是要彻底地忘记分数。分数意味着相互比较，而健康的娱乐意味着尽情地分享快乐。

快乐处方四十一：喜欢和自己玩

关于你的最好的一件事情就是你喜欢和自己玩。

做一次快乐暂停，思考一下这个问题。如果你的回答是“不”或者“有时”的话，反思一下自己，牢记你父母对你的告诫：“好好地玩！”

快乐处方四十二：尽情地笑，即使你不喜欢这样

陀恩妥耶夫斯基曾经写道：“如果你想真正了解一个人的话，你应该仔细观察一下他的笑。如果这个人的笑很甜、很深、很真诚的话，可以肯定他是一个很好的人。”

相关研究已经证实，在你笑的时候，你的身体也会以一种很健康的方式作出反应，而且这种微笑的快乐的电波也会传到你身体的每个细胞中去。大笑也具有同样的作用。找一个和你一样非常需要快乐的同伴，一起做下面的“机械式咯咯笑”运动。

1. 首先，假笑。将你的嘴角向上翘，做好笑的准备工作。

2. 下一步，微笑。眯起你的眼睛，露出你的牙齿。多做几次练习，然后加强微笑的力度。

3. 笑声。这是你咯咯笑练习中发出的第一个声音。

4. 咯咯笑。慢慢地发出咯咯笑的声音，温柔地发出笑声。

5. 咯咯笑。发出更大的声音，加快笑的速度。

6. 笑。头向后仰，闭上眼睛，加大声音的力度。

7. 大笑。加快笑的速度，在笑的时候用手掌拍你的大腿。

8. 号叫。大声地吼出来："我真会杀了我自己!"（你已经完全沉醉于其中而忘记了自己的存在）延长你的笑声，而且在地上打滚。

说明：如果你感到你的眼中充满了泪水，不要担心！那只是快乐大笑的泄漏物，这些泄漏物释放出了你体内的忧虑。笑的泄漏物意味着你做练习做得太认真了，而且从这个练习中真正地得到了益处。

温柔地娱乐

快乐地工作，温柔地玩。

“努力工作，痛快地玩”是一句流传很广的谚语，但是它对于追寻长久快乐的生活而言是非常错误的。应该是“快乐地工作，温柔地玩”。

快乐处方四十三：治疗你正变得强硬的态度

你的传统大脑将你的生活弄得过于紧张，应该慢慢地教会它放松和享受生活。

做快乐暂停的时候，可以看些有意思的影碟和读些充满幽默感的书。有人曾经这样描述真正的娱乐是什么：“如果事情完全值得你那么做，它也值得做得很糟糕。”另一个治疗你强硬态度的方式是参加没有竞争性的游戏。在下面列出能够在你的生活中帮助你做更好的快乐暂停的其他方式。

____

____

____

____

____

____

好的幽默感是能够感受到快乐、平和，以及你自身内部与环境的协调的。任何时候只要我们能够抽出时间感受并分享幽默的话，每个人都可以拥有一个快乐的生活。

快乐处方四十四：你要竭尽全力去停止你那能够震动整个世界的哀嚎

每天做几次快乐暂停，思考一下怎样去除周围世界的牢骚和不满。在办公室中放满成束的鲜花或者爱心卡片，然后坐在那里，感受自己正给经受着痛苦的人们带去的快乐。

____

____

____

____

____

____

怒气能够很快地压倒幽默。当我们互相挖苦、冷嘲热讽的时候，我们正慢慢地走向愤怒。相反，当我们感受到信任的时候，我们会慢慢地快乐起来。当我们感受到快乐的时候，我们就会慢慢地传达出爱的温柔。

快乐处方四十五：创造更快乐的“不敬”

在下面的空白处，写出你经常应用的对事物“不敬”的方法清单。除了每种“不敬”外，也要写下做出“不敬”行为的身体部位的名称，比如“眉毛”、“脚”、“膝盖”、“鼻子”。当你放纵自己对某个人发火的时候，想想这个身体部位而不是说出那些不敬的话语。记住，不管生活变得多么艰难，这些“不敬”的小把戏还是有可能成为你的娱乐消遣的。

“机械式咯咯笑”运动

1. 首先，假笑。将你的嘴角向上翘，做好笑的准备工作。

2. 下一步，微笑。眯起你的眼睛，露出你的牙齿。多做几次练习，然后加强微笑的力度。

3. 笑声。这是你咯咯笑练习中发出的第一个声音。

4. 咯咯笑。慢慢地发出咯咯笑的声音，温柔地发出笑声。

5. 咯咯笑。发出更大的声音，加快笑的速度。

6. 笑。头向后仰，闭上眼睛，加大声音的力度。

7. 大笑。加快笑的速度，在笑的时候用手掌拍你的大腿。

8. 号叫。大声地叫出来：“我真会杀了我自己！”（你已经完全沉醉于其中而忘记了自己的存在）延长你的笑声，而且在地上打滚。

第十四章　十五种爱心治疗的快乐处方

治愈耐心

和谐地治疗

愉快地治疗

谦虚地治疗

仁慈地治疗

爱给了你精神和身体上的健康！

如果你疼痛难忍，你可能不想用快乐处方慢慢去治疗。那么这里有15个为人生最糟糕的时期准备的快乐处方，它们可以首先用于你的情绪治疗。

治愈耐心

你不可能匆忙地进行治疗。当治疗严重的疾病时，请记住佛家所说的“人生是苦”。我们要接收这个事实，承认人生可能比想象中的还要艰难。

快乐处方四十六：记住最好的时光

在下面的空白处，写下一生中你感觉最幸福、最快乐、最健康的事情。大声读出来，要用过去的好时光给你一点儿勇气，帮助你渡过难关。放一些夏威夷音乐，帮助你集中于快乐的生活。

快乐处方四十七：从医院里送些花

治疗的最好方法之一是努力治愈其他人。当你病的时候，开始给予。不要仅仅是一个接受者。

当你病得很重时，送些花或者打个电话去帮助其他人。治疗的最大误区就是患者总处于接收的模式，因而失去了因为无私而得到的益处。下面，当你感觉生病的时候，你可以写下一些帮助其他人的方法。

快乐处方四十八：实践合理的拒绝

否认真实的存在对于你的治疗是很危险的，但也不能完全地屈从于事实。例如，不能否认你弄断了你的腿，但是你可以否认弄断一条腿就会阻止你去享受生活。

如果你现在正面临人生的挑战，记住你可以否认其中一些挑战的严重性。转移你自己，竭尽所能地解决你的问题，并否认这些问题的严重性。否认性的转移容许所需力量的迸发，这些力量能帮助你解决目前的难题。写下这些否认性的转移将有益于你的生活。

____

____

____

____

____

和谐地治疗

波利尼西亚人的快乐就是解决生活重压下的那些艰难困苦，这种“治疗”需要与其他人保持和谐一致和平衡。

快乐处方四十九：写出你失去的注意力

当危机到来时，永远不要说“看看我身上发生了什么”，要说“看看我们能一起做些什么”。

在下面的空白处写下你的问题，无论它看起来多么愚蠢，写出你的危机是什么，你失去的是什么，你的疾病是什么，或矛盾看起来是什么。确保你写的内容包括了其他人、处境、动物、花朵和物体等，确保你没有只写自己的痛苦和问题。

____

____

____

____

____

现在学习寻找失去的信号。从你写的来看你失去的是什么，思考把什么人、什么处境或什么事情写进来能让生活变得更幸福。

快乐处方五十：赶快到外面去

危机容易变成内部的，在痛苦、悲伤或是生病时，与外界接触是我们最大的需要。

当事情看起来非常非常糟糕时，对一个完全陌生的人做些好事。给一个无家可归的人一些钱，做些义工（甚至是你感觉非常累和忙的时候）或者用你能做的任何方式帮助一个需要帮助的人。保证你接触到了外界并帮助了一个完全陌生的人。这种无私的行为可以获得很好的治疗效果。下面，你可以记录其他可以接触外界的方式。

____

____

____

____

____

____

快乐处方五十一：看到黑暗的一面

不要错过痛苦的课程，严峻的挑战能帮助我们更好地成长。

尽管你可能觉得看到事物光明的一面，但你也需要保持一定的悲观。记住你在本书中学到的快乐不是永远的快乐。

当你面对矛盾或痛苦的时候，花些时间，完全地经历你的每一种情感。请在空白处记录你的感觉。问问你自己你的身体感觉怎么样，当你走过人生的黑暗面时你的内心感觉是什么。记住，生活光明的一面总是伴随着痛苦。

愉快地治疗

你需要人们来帮助你治疗。治疗意味着通过一次次的联系，从而变得更好，也就是试着和他人、和世界保持沟通。回想你每一次的个人危机，记住快乐的本质是即便在糟糕的时候也一样保持和外界的沟通。

快乐处方五十二：承认愤怒

艰难的时刻能够造就不同的人。对自身的处境很愤怒是自然反应，但是对自己承认愤怒则是一种快乐的生活方式。

所有的生活危机都能种下对某些人或某些事情愤怒的种子。在下面的空白处写下你为什么对你的问题很愤怒。写下你的愤怒，用你的想象力去削平每一行文字，以便你最终能心平气和。

快乐处方五十三：当你要倒下的时候不要放松

当事情变得很糟糕的时候，关键的是你要处于最佳的身体状态，尽可能保持你的精力，这对你在糟糕时期保持快乐会有很大的作用。

如果你躺在医院的病床上，你可以伴着夏威夷音乐晃动你的胳膊和腿，或者尽你所能起床出去跑跑或者散散步。

给身体一个机会贡献出自己的能量，以此来帮助你度过艰难时期的治疗。

快乐处方五十四：丢掉你自己的憾事并放松你的嘴唇

治疗可以重建平衡和联系。健康的平衡不是本身就存在的，它需要练习才能获得。我们可以为一些消极的情感留出一些空间，设一个十分钟的定时器，为你自己。

首先，来个快乐暂停。然后用十分钟的时间，为自己感到悲伤。有意识地闭上你的嘴唇，完全地沉浸在悲伤中。十分钟后，微笑，即使是装的也要微笑。微笑能够带来积极的情感。你可以在下面的空白处写下这次练习的有关情况。

____

____

____

____

____

____

谦虚地治疗

在治疗时，我们有时需要放弃一些控制，顺其自然，让其他人照顾我们。健康的合作关系在经历一段时间后，能够帮助我们慢慢痊愈。

快乐处方五十五：尝试每天做五次祈祷

对于这个问题——祈祷疗法，已经没有任何异议了。现代研究证明，每一种信仰都能够起到治疗的作用。下面的内容能够帮助你更好地了解祈祷在你的生活中的作用。

西方科学家对于祈祷的力量既感到迷惑，又觉得不可思议。下面就是关于祈祷的精神力量的一些发现：

在232个做开胸手术的老年病人当中，那些具有极深信仰的人活下来的概率更大。

研究表明，宗教的约束能够在一定程度上减少吸毒者的比例。

经常去教堂的吸烟者得高血压的概率，是那些不去教堂的吸烟者的1/4。所以，一位科学家说："如果你想吸烟的话，把你的烟带到教堂里去吧！"

对91909个经常去教堂的人的调查表明，与不去教堂的人相比，他们得冠状动脉类疾病的概率是后者的50%，死于肺气肿的概率是后者的56%，死于手术的概率是后者的53%。

一项研究表明，那些经常祈祷的人在心脏手术后的并发症要少于那些不祈祷的人。

这些发现表明，在心灵领域中，有些东西起着非常大的作用。现在，这种心灵的力量对你生活的影响又是多大呢？它们是怎样发挥作用的呢？快乐处方的警告标签上写着："顺着你心灵所指的方向前行。"

在下面的空白处，写下你自己的祈祷疗法。在你确定最后的形式之前，大声读出你所写的内容，反复几次，直到你感觉找到了最为舒服的方式。

____

____

____

____

____

下面是经过研究证实的一些有关祈祷的提示：

1. 创造一些你能够随时随地不停祈祷的语言。

2. 向你周围的自然事物，比如鲜花、绿树和小河表述你的祈祷。

3. 不要告诉上帝做什么，而是要请求上帝将他的愿望融入到你的生活中。

4. 不要只为自己祈祷，要为全世界的每个人祈祷。

5. 祈祷要包括先辈们的名字在内，这也是将过去的快乐带入现代生活的一种方式。

6. 每次祈祷的时候，重复你的祈祷词五次。这样，能够帮助你放慢速度并集中注意力。你不必每次都大声地祈祷。

7. 不要仅仅念出你的祈祷，要敞开心扉，用心去聆听。所有的祈祷都有回答，但是我们没有用心去倾听，所以我们没有听到或者很好地理解这些回答。

下面是我在国外的一个朋友祈祷的例子。在他化疗的过程中，他是这样祈祷的：

“我的上帝，请让我和我的妻子、女儿和儿子们、我的祖父母、我的父亲和母亲在一起。请让您的神迹在我们苦难的时候降临，为我们后院中的树、池塘边的鲜花和我的狗，以及所有正在苦难中的动物。我的上帝啊，请倾听我的祈祷，我在等待您的回答。”

现在写下你自己的祈祷词。

____

____

____

____

____

所有给予的一切，终将获得回报，所以即使是当你处于低潮的时候，也要记得将快乐散播到四方。

快乐处方五十六：当你非常脆弱的时候，去寻求帮助

当我们经受痛苦的时候，我们经常降低自己忍耐力的门槛。我们经常对那些没有经受痛苦的人冷嘲热讽。记住，谦虚的治疗要求你抛弃愤世嫉俗和自作聪明，打开你的心扉。

努力成为一个快乐的病人，保持温柔、助人的风格。不要抱怨、屈服，要“听话”。“听话”的一个含义就是“能够轻松地教你”，当我们表现得体贴和和蔼的时候，人们就会很轻松地将他们的经验传授给我们。没有人愿意教一个老顽固，一个粗鲁、愤怒的学生。记住，治疗就是一个学习的过程。在下面的空白处写下在生活中给予你巨大帮助的老师，还有就是他们是怎样让你向他们敞开心扉的。

快乐处方五十七：有益的悲伤

所有人的生活中都包含着一些东西的失去——控制的失去、爱人的失去、健康的失去，或者是工作的失去。在下面的空白处写下你失去的东西。如果你失去了一个人，写下那个人的去世或者离去使你失去了什么。记住，当你写你失去的东西时，你其实并没有真正地失去它们。这些东西永远都不会消失，一旦它们发生了，它们就存在，它们永远都会唤起你对爱的回忆。

仁慈地治疗

这60个快乐处方的最后三个是从夏威夷的谚语中提炼出来的。我建议你做个长时间的快乐暂停，放一些夏威夷音乐，找个非常安静舒服的地方，和一些人并肩坐下来，大声朗读这最后三个快乐处方。

快乐处方五十八：仁慈地治疗的智慧

来自岛屿的谚语："向我们最坏的问题打开神圣的灵感之窗，深深吸取祖先的经验教训。它们不是惩罚，而是文雅的、精细的、庄严的教训。它们是伟大和深奥的。如果我们学习了，我们就能治愈自己和他人。”

快乐处方五十九：仁慈地治疗的优点

来自夏威夷的谚语：“经历最大痛苦的人是我们最伟大的老师。他们代表生活的另一面，他们能感觉到我们的感觉。如果我们和痛苦一起学习，那么他们就是我们的向导，帮助我们探索如何航行于困难之海，我们每个人最终都会进入这片海域。”

快乐处方六十：仁慈地治疗的情感智力

来自茂伊岛（美国夏威夷州茂伊县火山岛）的谚语：“当一个人处于愤怒时是不可能被治愈的。如果一个人不带偏见地去看什么地方失去了联系，他就能被治愈。问自己为什么会产生这样的问题，并且回答应该从什么地方重新连接，这是重新获得平衡的一条路。平衡和联系是使自己和别人快乐的最正确的道路。”

六十种快乐处方

快乐处方一：寻求永久的爱

快乐处方二：列一个周六清单

快乐处方三：尝试一下轻微的节欲

快乐处方四：看到你的整个爱人

快乐处方五：给予陌生人以爱

快乐处方六：记录感情档案

快乐处方七：做个好人

快乐处方八：把内心的爱传播到四方

快乐处方九：安排一个“周一支持会议”

快乐处方十：练习不确定你自己

快乐处方十一：避免破坏性的谣言

快乐处方十二：为祝福欢呼

快乐处方十三：学习写出别人的希望

快乐处方十四：偿还你的感情“债务”

快乐处方十五：帮助地球

快乐处方十六：看到挑战

快乐处方十七：记录你工作的历史

快乐处方十八：知道什么时候应该放弃

快乐处方十九：做交叉工作访问

快乐处方二十：衡量你的原则

快乐处方二十一：工作回顾

快乐处方二十二：做一张“惊奇工作”表

快乐处方二十三：尝试调整自己的工作效率

快乐处方二十四：不要骂出口，而要写下来

快乐处方二十五：做一个“不能做”表格

快乐处方二十六：只说“也许”

快乐处方二十七：检查“火情隐患”

快乐处方二十八：检查“工作瘾”

快乐处方二十九：不要只做你的工作

快乐处方三十：从情感上作好准备

快乐处方三十一：胡思乱想

快乐处方三十二：做一个喜欢搞恶作剧的捣蛋鬼

快乐处方三十三：不要将娱乐看得太重

快乐处方三十四：棋牌类游戏并不令人厌烦

快乐处方三十五：举行你自己的家庭艺术展览

快乐处方三十六：扮演游戏中的角色

快乐处方三十七：停止把生活变成竞赛

快乐处方三十八：每天设计一个笨的主题

快乐处方三十九：加入愤怒者的队伍

快乐处方四十：不要在意分数

快乐处方四十一：喜欢和自己玩

快乐处方四十二：尽情地笑，即使你不喜欢这样

快乐处方四十三：治疗你正变得强硬的态度

快乐处方四十四：你要竭尽全力去停止你那能够震动整个世界的哀嚎

快乐处方四十五：创造更快乐的“不敬”

快乐处方四十六：记住最好的时光

快乐处方四十七：从医院里送些花

快乐处方四十八：实践合理的拒绝

快乐处方四十九：写出你失去的注意力

快乐处方五十：赶快到外面去

快乐处方五十一：看到黑暗的一面

快乐处方五十二：承认愤怒

快乐处方五十三：当你要倒下的时候不要放松

快乐处方五十四：丢掉你自己的憾事并放松你的嘴唇

快乐处方五十五：尝试每天做五次祈祷

快乐处方五十六：当你非常脆弱的时候，去寻求帮助

快乐处方五十七：有益的悲伤

快乐处方五十八：仁慈地治疗的智慧

快乐处方五十九：仁慈地治疗的优点

快乐处方六十：仁慈地治疗的情感智力

第十五章　怎样成为自己的快乐医生

第一步：做一个快乐的便笺

第二步：记住最基本的快乐因素

第三步：快乐透视

第四步：写下来

第五步：记录并学习这些结果

第六步：查出潜在的快乐

书写自己的快乐处方就如同给生病的人开药一样。这些处方会教会你如何与其他人分享你的快乐。每个处方都会帮助你度过恐惧和孤独。这些快乐对于那些能意识到自己就在“天堂”里的人而言，是再自然不过的了。

你不必跑到夏威夷去寻找健康快乐，因为你此时正在你所在之处创造你自己的天堂和地狱。天堂不是一个具体的地方，分享快乐的生活也不是一个目标，它是每天的生活方式，是生活本身赋予我们的。这一章将教你通过六个步骤写出自己的快乐处方，以此来总结你从本书中获得的知识。

第一步：做一个快乐的便笺

你需要自己制作一个处方便笺，你可以用一个小的足够结实的记事本进行记录。

在便笺的每五页纸上写上日期，从星期一到星期五，并另外拿出第六页写上星期六或星期日，这天是你的复习日。一个星期花一天的时间来消化之前的练习，是一个使你身心获得快乐的好方法。

在这第六页纸上，记录一些注释和感觉，来回味一下你快乐的日记。在你的每个第六日做一个简单的快乐日记，或者让你的亲友来看看你的快乐便笺并为你做些评述。

现在，回到星期一至星期五的纸张上。在你的快乐便笺上写下相应的条目。每个条目之间留下足够的空间。

耐心

和谐

赞同

谦虚

仁慈

既然你已经准备好了快乐便笺，带上它，无论你到什么地方。把它看做你的一个每日行动计划。下面的步骤将告诉你如何使用你的快乐便笺来书写快乐处方。

第二步：记住最基本的快乐因素

我已经为你提供了60种快乐处方，可以让你应用在自己的生活中。用过这些处方之后，你可以把它们当做你自己处方的原型。

正如前面提到的，每个快乐处方都有三个关键因素和五个原则，下面是快乐处方基本结构的一个提示。

快乐处方的五个原则包括：耐心、和谐、赞同、谦虚、仁慈。

开出快乐处方的三个关键因素是智慧、美德和情商。记住，智慧的意思是平静地反应和保持生活的透明；美德是在日常活动中做一些符合你自己基本的道德和价值观的事情；情商是学会控制你自己的情感。

在你的快乐便笺中记下这个公式：快乐原则 + 快乐关键因素 = 快乐处方。每个星期，花几分钟看看你自己的快乐处方的结构。当你这样做的时候，问一下自己这些问题：

在生活中，通过平静地反应而不是经常地做一些繁琐的计划，我是否能够很明白地找到快乐？

我是否很善良，能够将快乐带给其他人，无论他们是在家休息、在工作，还是在玩乐？

通过使自己平静下来而不是让自己成为情绪的牺牲品，我是否能够锻炼我的情商？

第三步：快乐透视

没有人希望自己的医生在开药方时心烦意乱或者心不在焉。

写自己的快乐处方是同样的道理。当你写处方的时候，你必须坐下来全身心倾注于你自己的处方。

为了做到这点，在你卷入匆忙的一天之前，利用每天早上的时间写自己的快乐处方。你甚至可以早起五分钟做这些。每天早上留出五分钟的快乐时光，拿出自己的快乐便笺，坐下来问自己下面的问题：

我生活得快乐吗？

用下边的问题来帮助你回答这个问题。你可以在你的快乐便笺上写出这些问题。

其他人认为我是病人吗？

谁这么说？（写上这个人的名字）

其他人认为我能和那些经常麻烦我的人保持联系吗？

谁这么说？

其他人说我是个令人愉快的人吗？

谁这么说？

其他人说我不自私吗？

谁这么说？

其他人说我很温柔吗？

谁这么说？

你会注意到，"快乐透视"就是站在另一个人的角度观察你自己。通过从另一个人的视角来观察你的快乐并写下这个人的名字，你就将自己的注意力从自己转移到了周围你影响的世界。快乐透视也能帮助你在准备赛跑时放慢速度，通过让你考虑你对他人的影响，而不是去思考你将怎样领导自己的生活而获得更多的快乐。记住，健康快乐会降临到你的头上，只要你努力为这个世界带来更多的快乐。无私的态度是书写快乐处方的关键。

再者，记住周六或周日花几分钟时间回顾一下你的处方，并看看自己在快乐生活能力上的变化。如果可能的话，和非常了解你的人一起做这件事，讨论你应该怎样做。

第四步：写下来

每天，挑出一条“你好”原则应用于你自己的生活。然后，写一个简单有趣的句子来帮助你把原则融入你的生活。最后，为在日常生活中实现“你好”原则写一个特殊行为计划——这就是你的处方。

这里有一些快乐处方的例子，针对“你好”原则的每一个方面。这些都是我的一个朋友写的，他也正在学习写快乐处方的技巧。注意，写快乐处方的三个关键陈述：

谈及“你好”生活时，我需要更多的……

如果我试了，生活对我和其他人来说会更加……

今天我将要试一试……

男会计师

“你好”原则：谈及“你好”生活时，我需要更多的耐心。

有趣的解释：如果我试着不去老是展示我比其他人聪明，或者在我说话之前考虑更多的话，我和他人的关系将会更好。

快乐处方：今天我将试着少说多听，并且停下来重复对方刚说过的话。

四个单亲孩子的母亲

“你好”原则：谈及“你好”生活，我需要更多的和谐。

有趣的解释：如果我试着让我对男人的怨恨消失，并且为我的生活去找个新起点的话，我的生活对我和其他人来说会更加丰富。

快乐处方：今天我将试着更加警惕，更少地批评那些和我接触的人。我将给他们一个机会，不拿他们和离开我的丈夫相比较。

公司老板

“你好”原则：谈及“你好”生活，我需要更多的赞同。

有趣的解释：如果我试着不去管理别人而是让他们有更多的控制权，我的生活对我和其他人来说应该会更好。

快乐处方：今天我将努力多听别人的意见并接受这些意见。

女大学生

“你好”原则：谈及“你好”生活，我需要更多的谦虚。

有趣的解释：如果我试着去问别人的成就和生活，而不总是告诉他们有关我自己的事情，对我和他人来说生活应该更有意义。

快乐处方：今天我将努力去谈论三个人的生活和成就，并且询问他们的感受是怎样的。

男保险销售人员

“你好”原则：谈及“你好”生活，我需要更多的友爱。

有趣的解释：如果我试着不再将每个人视为潜在的客户，不再将一切视为潜在的交易，我的生活无论对自己还是对别人来说都会是一种快乐。

快乐处方：今天我将试着去放松自己。我就是我，不考虑销售，不考虑成功，我将努力去了解每一个和我谈话的人。

现在，你自己也试一试。写五个快乐处方，每个处方对应“你好”的一个原则，就写在下面的空白处。

"你好"原则：耐心

有趣的解释：

处方：

"你好"原则：和谐

有趣的解释：

处方：

"你好"原则：赞同

有趣的解释：

处方：

"你好"原则：谦虚

有趣的解释：

处方：

"你好"原则：仁慈

有趣的解释：

处方：

我和许多孩子一起写他们自己的快乐处方，我知道这样做非常有教育意义。下面是一个八岁小女孩的快乐处方：

“你好”原则：谈及“你好”生活，我需要更多的耐心。

有趣的解释：当大家玩游戏时，我如果不对着别人尖叫，从而毁掉游戏的话，生活对我自己和其他人来说会更加快乐。

快乐处方：今天我要试着转变，甚至让娜娜也去玩游戏，虽然这对她没什么好处。

第五步：记录并学习这些结果

当你开始用处方填写自己的快乐便笺时，每个月做一次完整的回顾。复习你的快乐便笺，如果可能的话和熟识你的朋友一起做。找出什么是你的不足——太不耐心，太少时间和家人朋友在一起，太多的愤怒或敌对，太过自私，太不礼貌，等等。

一旦你找到自己的弱点，便在这个方面开始更多的学习。

第六步：查出潜在的快乐

当你学习写自己的快乐处方时，通过重做本书中的许多测试，将有益于衡量你自己的进步。但是记住，快乐不是你完成的什么东西，不是测试的分数，而是你的生活方式。

现在准备去写你自己的快乐处方吧。如果你的努力曾经停止过，那么重新开始好了。记住，每天都必须保证你能很深入、很虔诚地考虑你周围每个人的快乐和平衡。祝好运!

后记　再来一次

我不希望你感觉你已经读完了这本书。我希望你能将这本书放在身边，当你书写或者实践一个新的快乐处方时，回过头来看一看它，看是否还能得到新的灵感。

在你合上这本书之前，回到第二章再回答一下那三个能开启你通向天堂之途的问题，来更新你自己的快乐日志。现在你的回答有什么不同呢？你是否已经学会了去实践快乐的生活呢？

如果你发现写快乐处方是非常困难的事情，请不要气馁。当你感觉你自己正在奋斗，请记住重复下边的话：重新开始，重新开始，重新开始。健康的快乐需要你把生活看成永不停歇的一系列新的开始，而不是结束。

本书介绍了传统的暗示疗法、波利尼西亚人的快乐理念和相关的医学研究，尤其是 PNI 领域的研究成果。我会尽力提供精确可靠的信息，但读者应该意识到，其他专业人员对于暗示疗法可能会有不同的观点，这是再自然不过的。

一个人的生活根本，就像植物的根一样，是所有物质上和精神上生存的源泉。这本书的目的就是想给大家一些建议，希望大家能在生活、工作、感情和娱乐方面建立起自己的快乐天堂。这是生活的根本。

这本书教会你在保持健康、平衡中，如何将古老的波利尼西亚智慧和现代最先进的医学研究与你自己、爱你的人、你所生活的世界紧密、完美地结合起来，使你和你家人的生活充满阳光，到处洋溢着幸福。

本书重要提示：

本书中的想法、建议和方法均不能代替其他药物治疗。